大跨空间结构多维隔震减振体系与抗灾性能设计方法

韩庆华　薛素铎　霍林生　著

科学出版社

北　京

内 容 简 介

本书总结大跨空间结构振动控制相关的研究成果，提出大跨空间结构多维宽频隔震新体系及高性能减振新体系。通过理论分析、数值模拟和试验研究相结合的方式论述新型多维隔震装置和高性能减振阻尼器的力学性能，为其进一步在大跨空间结构中的应用奠定基础。将新型振动控制装置和大跨空间结构（网架结构、网壳结构、弦支结构等）结合起来，通过参数化分析和振动台试验阐明大跨空间结构隔震及减振新体系的破坏机理和失效模式，验证新型多维隔震装置和高性能减振阻尼器对大跨空间结构的振动控制效果。最后，本书提出大跨空间结构隔震及减振新体系的相关设计方法。

本书可为大跨空间结构振动控制的理论研究和推广应用提供依据，也可为从事大跨空间结构领域研究的广大科技工作者和设计人员提供参考和借鉴。

图书在版编目（CIP）数据

大跨空间结构多维隔震减振体系与抗灾性能设计方法/韩庆华，薛素铎，霍林生著. —北京：科学出版社，2020.12
ISBN 978-7-03-067547-7

Ⅰ.①大… Ⅱ.①韩… ②薛… ③霍… Ⅲ.①隔震-建筑结构-研究 Ⅳ.①TU352.12

中国版本图书馆 CIP 数据核字（2020）第 260370 号

责任编辑：任加林 / 责任校对：王万红
责任印制：吕春珉 / 封面设计：耕者设计工作室

科 学 出 版 社 出版
北京东黄城根北街 16 号
邮政编码：100717
http://www.sciencep.com
三河市骏杰印刷有限公司印刷
科学出版社发行　　各地新华书店经销
*
2020 年 12 月第 一 版　　开本：B5（720×1000）
2020 年 12 月第一次印刷　　印张：16
字数：310 000
定价：118.00 元
（如有印装质量问题，我社负责调换〈骏杰〉）
销售部电话 010-62136230　编辑部电话 010-62137026（BA08）

序　言

当前"一带一路"合作倡议大力推进，京津冀协同发展、长江经济带发展、粤港澳大湾区建设等重大战略全面实施，我国相继制定了一系列重大城市和交通基础设施、能源和资源基础设施等的建设规划。大跨空间结构已成为城镇化的重要标志和品质提升的重要体现，建造大型体育、展览、交通枢纽等大空间和超大空间建筑物的需求不断提升。大跨空间结构通常自重较小、柔度大，自振频率较低，对地震和风荷载所造成的扰动十分敏感，振动问题十分突出。随着基于性态的抗震设计思想的不断深入，振动控制技术引起了国内外科研人员的广泛关注。然而，目前结构振动控制技术的研究主要集中在框架结构和剪力墙结构中，缺乏针对大跨空间结构特性如水平变形大、空间性强、动力特性复杂等研究。已有研究虽然证明了技术的可行性，但不同情况下振动控制效果不一，还远未形成成熟可靠的相关设计方法，缺乏大跨空间结构振动控制相关理论、产品和设计的一系列研究。开展大跨空间结构隔震减振研究，对提升结构韧性水平，最大限度减轻灾害风险具有重要的意义。

天津大学、北京工业大学及大连理工大学在大跨空间结构领域有着良好的研究基础，在新型大跨空间结构体系、大跨空间结构隔震减振控制理论及设计方法、大跨空间结构抗风控制理论及分析方法等方面取得了一系列研究成果。作者从理论和工程实际入手，提出大跨空间结构三维宽频隔震新体系及高性能减振新体系；通过理论分析、数值模拟和试验研究相结合的方式论述新型三维隔震装置和高性能减振阻尼器的力学性能，为其进一步在大跨空间结构中的应用奠定基础；将新型振动控制装置和大跨空间结构结合起来，阐明大跨空间结构隔震及减振新体系的破坏机理和失效模式，验证新型三维隔震装置和高性能减振阻尼器对大跨空间结构的振动控制效果。最后，本书提出大跨空间结构隔震及减振新体系的相关设计方法。本书是一本内容丰富、系统全面的专著。

这本专著的出版能帮助广大科研工作者和技术人员了解和掌握大跨空间结构振动控制的相关知识，也可为大跨空间结构隔震减振体系的设计提供参考和依据。

2020 年 6 月

前　言

　　近年来，大跨空间结构在体育场馆、交通枢纽、会展中心、影视剧院、工业建筑等重大工程中得到广泛应用。大跨空间结构已成为国家和地区经济、文化发展的重要体现，也是城市特质和形象建设的重要体现。

　　大跨空间结构形式多样，主要应用于活动频繁、人员密集的公共建筑。大跨空间结构通常自重小、柔度大、自振频率低，对地震作用和风荷载造成的扰动十分敏感。发生强地震和强风时，大跨空间结构振动明显，其安全性难以保证，一旦发生破坏，会造成不可估量的人员伤亡及经济损失。因此，开展大跨空间结构的振动控制研究十分必要。本书首先对大跨空间结构振动控制的发展动态进行汇总和分析，重点介绍几种适用于大跨空间结构的隔震及减振装置的力学性能，阐述大跨空间结构隔震新体系和高性能减振新体系的设计方法及振动控制效果，为研究人员和工程设计人员进行大跨空间结构的振动控制分析提供参考。

　　本书共 7 章。第 1 章讲述了大跨空间结构振动控制的研究动态，隔震及减振装置的研发及力学性能，大跨空间结构隔震、减振机理及工程应用；第 2 章论述了空气弹簧-摩擦摆三维隔震新体系及隔震性能；第 3 章论述了抗拔型三维隔震新体系及隔震性能；第 4 章论述了多维减振阻尼器减振新体系及减振性能；第 5 章论述了 SMA-摩擦阻尼器减振新体系及减振性能；第 6 章论述了大跨空间结构风效应；第 7 章讲述了大跨空间结构风振控制。

　　本书第 1、2、4、5 章由韩庆华教授撰写，第 3 章由薛素铎教授撰写，第 6、7 章由霍林生教授撰写。全书由韩庆华教授统稿。研究生景铭和王明威参与本书文字和图表的整理、绘制工作。李雄彦教授、芦燕副教授、刘铭劼助理研究员及博士研究生郭凡夫、景铭、单明岳、赵泽涛、黄辰、段瑶瑶、陈超豪等协助完成部分试验、计算和分析工作。

　　本书得到国家重点研发计划项目"高性能结构体系抗灾性能与设计理论研究"（项目负责人：李忠献教授）课题 3 "大跨空间结构多维隔震减振体系与抗灾性能设计方法"（课题编号：2016YFC0701103）的资助，同时也得到了项目指导专家组的悉心指导，在此表示衷心感谢。

　　由于作者水平有限，书中难免存在不足之处，恳请读者批评指正，以便在今后的研究工作中加以改进。

作　者

2020 年 6 月

目　　录

第1章 绪 论

1.1 大跨空间结构振动控制研究背景

各地区要加强共建"一带一路"同京津冀协同发展、长江经济带发展、粤港澳大湾区建设等国家战略对接,加快了基础设施短板的补齐,使得交通、能源和信息等联系通道不断畅通。未来20~30年仍是我国大规模基础设施建设的高峰期,也为大跨空间结构的发展及应用带来了巨大的机遇。大跨空间结构已成为国家和地区的经济、文化和交通发展的体现,也是城市特质和形象建设的重要体现。

大跨空间结构是指构件三向受力的、大跨度的、呈立体工作状态的结构,在美国、日本、西欧等国家和地区发展较早。其结构形式丰富,主要包括整体张拉结构、薄膜结构、网壳结构、悬索结构、网架结构及其组合形式。例如,美国新奥尔良"超级穹顶"采用球面双层网壳,跨度达207m;日本东京代代木体育馆的屋盖采用拉索,两根主索跨长126m;美国庞蒂亚克·亚尔弗多姆体育馆的屋盖充气膜椭圆平面达220m×159m。

随着经济的快速发展和社会需求的增加,近些年我国也兴建大量大跨空间结构,如北京大兴国际机场、国家歌剧院、国家速滑馆、上海体育馆等(图1-1)。我国在未来还将建造大量的体育馆、会展中心、机场航站楼等大跨建筑,这也是我国大跨空间结构建造实力的体现。

我国处于环太平洋地震带与亚欧地震带之间,强震频发,地震灾害威胁巨大。1976年发生的河北唐山地震震级7.8级,造成逾24万人死亡,16万人重伤,倒塌房屋超530万间,直接经济损失高达100亿元。自2008年汶川地震以来,我国发生的里氏震级7.0级以上的地震共有7起(包括汶川地震,见中国地震局网站统计),造成了巨大的人员伤亡与财产损失。2008年发生的四川汶川地震震级高达8.0级,造成近7万人死亡,近1.8万人失踪,受伤人数近37.5万,直接经济损失8451.4亿元;2013年发生的四川芦山地震震级7.0级,造成196人死亡,13019人受伤,直接经济损失665.14亿元。大跨空间结构外观形式各异,屋面形状极不规则,可提供较大的活动空间,但这类结构通常自重较小、柔度大、自然振动频率较低、阻尼小,故对地震和风力所造成的扰动十分敏感。随着大跨空间结构中轻质材料的大量使用,由风荷载及地震荷载引起的结构振动问题十分突出。大跨空间结构在发生地震和强风时结构振动明显,安全性难以得到保证。例如,2008年汶川地震中,江油体育馆网架结构支座松动严重;2013年芦山地震中,芦山县体育馆破坏严重，芦山县体育馆必须大修；2005 年，在"卡特琳娜"飓风的袭击下，美国的新奥尔良"超级穹顶"遭到严重破坏；2010 年，首都机场 T3 航站楼屋面结构在两年多的时间内破坏了 3 次，航站楼金属屋面板被掀开，屋面保温材料散落满地（图 1-2）。

（a）北京大兴国际机场

（b）国家歌剧院

（c）国家速滑馆

（d）上海体育馆

图 1-1　大跨空间结构工程实例

（a）汶川地震江油体育馆网架结构支座松动严重

（b）芦山地震芦山县体育馆焊接球和十字板连接失效

（c）美国新奥尔良"超级穹顶"严重破坏

（d）首都机场 T3 航站楼屋面结构破坏

图 1-2　大跨空间结构典型破坏案例

　　大跨空间结构作为城市的标志性建筑，其使用频率高，容纳人数多。但是，目前有关大跨空间结构的减振防灾方面还有诸多问题尚未解决，如大跨空间结构，特别是柔性大跨结构的风振响应、强震下结构的抗倒塌能力以及大跨结构的减震（振）方法、措施和可实施性等问题都还需深入研究，同时大跨空间结构的减震（振）工程实践也应尽快开展。我国是地震、台风高发国家，很多地区经常发生地震和强台风侵袭，这些大跨空间结构一旦遭受地震和强风作用发生倒塌，会严重危及人们的生命财产安全，造成巨大损失。通过增强结构本身性能的减振方法已难以满足工程需要，而结构振动控制为解决这一问题提供了思路。结构振动控制就是通过在结构上设置控制机构，由控制机构与结构共同控制抵御地震动等动力荷载，使结构的动力反应减小，从而有效提高结构的抗震能力和抗灾变性能。随着近些年多高层建筑结构振动控制技术的不断发展，将其应用到大跨空间结构成为一个新的思路和课题，深入研究大跨空间结构振动控制以保证结构设计的安全性、经济性具有十分重要的意义。

1.2　隔震体系在大跨空间结构中的发展动态

　　基于性能的设计理论已成为大跨空间结构领域研究的重点，在地震作用下，大跨空间结构的各项响应指标有了更高的标准。在此前提下，不仅结构自身在地震作用时的安全需要得到保证，即结构杆件的内力响应控制在一定范围内，结构使用功能的舒适及非结构构件的安全也是设计考虑的重点指标，即结构各部位的加速度响应等指标也需要得到有效的控制和降低。隔震技术作为一种有效的振动控制技术，其原理是通过在上部结构与下部支承结构或基础之间设置隔震装置，延长结构的振动周期，避开场地的卓越频率，减少地面向结构上的能量传递。目前，水平隔震技术发展较为成熟，如叠层橡胶隔震支座、摩擦摆隔震支座等已有了广泛的工程应用。然而，大跨空间结构自由度高、振型密集，杆件和节点数量多，动力特性复杂，且竖向振动问题突出，水平隔震支座难以有效减轻结构的竖向地震响应。因此，研发具有三维隔震功能的新型支座已成为大跨空间结构隔震技术亟待突破的关键内容。

1.2.1　隔震装置的研发及力学性能研究

1. 大跨空间结构水平隔震支座研发及力学性能研究

　　研究人员开发的一系列的水平隔震支座主要有叠层橡胶支座、滑移隔震装置，以及以此为基础的复合隔震装置。薛素铎等[1]将交叉丝形状记忆合金与橡胶隔震支座复合并应用于一网壳结构。陈海泉等[2]将形状记忆合金为材料的拉索耗能器与普通橡胶支座进行复合。董军等[3]将叠层橡胶隔震支座和黏滞阻尼器组成隔震层。Constantinou 等[4]提出螺旋弹簧-聚四氟乙烯隔震体系，该体系利用聚四氟乙烯摩擦耗能，利用螺旋弹簧复位。薛素铎等[5]针对摩擦摆的抗拔性能进行了改进，为摩擦摆在大跨空间结构中的应用奠定基础。

橡胶支座和滑移隔震支座的改进在于其隔震仅针对水平隔震，但水平隔震支座难以有效降低结构的竖向地震响应。因此，亟需研发三维隔震支座以降低大跨空间结构显著的竖向地震响应。

2. 大跨空间结构三维隔震支座研发及力学性能研究

针对水平隔震支座不能有效进行竖向隔震的问题，许多学者对竖向隔震进行了研究，并取得了一系列成果。早期的竖向隔震装置主要针对核电站及一些重要设备而研发，采用空气弹簧系统或者液压装置。这些支座的研究设计开创了三维隔震支座的先例，也为后期三维隔震的研发奠定了基础。

在我国，研究人员利用碟形弹簧（简称碟簧）减振装置，针对大跨空间结构的受力特点和地震响应特点研发了多种组合形式的碟簧三维隔震装置。例如，熊世树[6]设计的铅芯橡胶-碟簧三维隔震支座，刁涣玺[7]设计的不同构造的摩擦-碟簧三维复合隔震支座，庄鹏等[8]提出的摩擦摆/形状记忆合金（shape memory alloy，SMA）-橡胶支座-碟簧三维复合隔震支座。上述研究证明，碟簧竖向隔震装置可有效降低结构的地震响应，通过不断改进，提高了碟簧在大跨空间结构中应用的可能性。

除碟簧外，研究人员还研发了其他构造形式的三维隔震支座。例如，Xu 等[9]提出将黏弹性核心垫和黏弹性板式阻尼器并联组成高阻尼橡胶三维隔震支座，刘文光等[10]将不同方向的铅芯橡胶隔震支座组合成倾斜旋转型三维隔震支座，陈兆涛等[11]提出竖向变刚度三维隔震装置由铅芯橡胶支座和竖向组合液压缸串联而成。此外，三维隔震支座还有厚橡胶隔震支座和普通叠层橡胶隔震支座的组合、厚单层橡胶隔震支座和油阻尼器并联的组合。上述三维隔震支座均具有不同的优势和特点，但在工程推广应用时受限于大跨空间结构的支座平面尺寸和高度。

目前已研发的三维隔震支座主要适用于核电站结构或多高层建筑结构，针对大跨空间结构进行研发的三维隔震支座多采用铅芯橡胶隔震支座和碟簧的组合方式。铅芯橡胶隔震支座性能稳定，应用广泛，但自身阻尼较小，水平自复位能力较差；碟簧体积小、强度高，但竖向阻尼较小，不具有抗拔能力。总地来说，大跨空间结构的三维隔震目前还处于初始阶段，现有的三维隔震支座构造有待于进一步优化，使其同时满足抗拔和转动功能的要求，以加大隔震技术在大跨空间结构中的应用。

1.2.2 大跨空间结构隔震机理及工程应用

1. 大跨空间结构隔震机理研究

近年来，大跨空间结构的隔震机理、分析理论和设计方法取得了一定进展，应用隔震技术实际工程逐渐增多。隔震技术在大跨空间结构中有两种应用方式：柱顶隔震和基础隔震。为深入揭示三维隔震支座在大跨空间结构中的隔震机理，研究人员依据支座的理论模型和试验结果系统分析了大跨空间隔震结构的动力特性和地震响应，为进一步的隔震设计提供了理论基础。

为验证隔震装置在大跨空间结构中的振动控制效果，国内外研究学者通过数值模拟和试验研究分析了地震作用下隔震体系的动力响应。例如，朱忠义等[12]将橡胶支座应用到大跨度机场航站楼的隔震设计中，采用基底隔震方案进行隔震，有限元分析结果表明隔震后支座剪力的减振率可达 60%；李雄彦[13]以某大跨网格维修机库为研究对象，建立了隔震结构的分析模型和动力方程，确定了最优控制方案，分析了结构地震响应特征；黄兴淮[14]分别对安装与未安装多维隔震装置的大跨空间网格结构进行振动台试验，考察了激励幅值等因素对大跨空间网格结构动力特性和灾变响应的影响；刁涣玺[15]、黄河[16]、张家云[17]在研发碟簧三维隔震支座的基础上，以大跨单层球面网壳为例，通过对有控和无控结构开展动力分析，考察了隔震后网壳的节点加速度、杆件轴力和支座位移的响应，分析结果说明隔震支座可有效保护结构安全；单明岳等[18]、李雄彦等[19]通过对基础隔震的单层柱面网壳缩尺模型开展振动台试验，研究摩擦摆和高阻尼橡胶隔震支座的隔震性能，分析了行波效应对隔震大跨网壳屋盖地震响应的影响。上述研究成果主要集中于隔震装置隔震效果的验证。

为研发适用于大跨空间结构的隔震装置，国内外学者进一步研究了隔震装置各参数对结构抗震性能的影响。例如，隔震装置刚度与阻尼对单层球面网壳结构变形、杆件内力与支座反力的影响，隔震装置周期与布置方式对大跨空间结构动力响应的影响，隔震装置抗侧移能力与抗拔性能对结构隔震位移的影响等。上述研究成果采用的计算模型均为弹簧和阻尼单元组成的简化计算模型，无法考虑实际情况中由于过大隔震位移引起的隔震装置碰撞、破坏等因素。为考虑上述因素对强震作用下隔震体系隔震性能的影响，部分学者提出隔震装置的精细化分析模型。薛素铎等[20]采用实体单元建立摩擦摆支座的精细化有限元模型并将其应用到 80m 跨度的单层球面网壳中，研究地震作用下摩擦摆支座的摩擦系数和曲率半径对单层球面网壳杆件内力和节点加速度的影响；庄鹏等[21]、孙梦涵[22]采用刚体单元建立摩擦摆支座的精细化有限元模型，分析不同装置参数（摩擦系数与曲率半径）与结构参数（形式与跨度）对大跨度网架结构抗震性能的影响。

上述分析研究了隔震前后大跨空间结构的动力响应特性，证明隔震技术能有效降低大跨空间结构的地震响应。装置参数对结构抗震性能影响的研究主要集中于二维隔震，缺乏三维地震作用下隔震体系抗震性能的系统性研究，同时结构参数对抗震性能的影响也需进一步研究。与理论研究的成果相比，对大跨空间结构隔震效果的试验研究成果还不够丰富，尤其缺乏针对新型三维隔震体系开展的振动台试验研究。现有大跨空间结构隔震体系的研究集中在网壳和网架结构中，将研究对象进一步扩展到如张弦梁结构、膜结构等中，同时考虑不同强度、不同频谱特性的地震动和行波效应等对隔震体系的影响是进一步的研究方向。

2. 隔震技术在大跨空间结构中的应用

隔震技术作为一种成熟的振动控制手段，已在许多实际工程中发挥了良好的控制效果。目前已应用于实际工程中的隔震支座主要有叠层橡胶隔震支座和摩擦摆隔震支座。叠层橡胶隔震支座性能稳定，但不具备水平自复位功能且自身阻尼较小；摩擦摆隔震支座依靠摩擦耗能，水平残余位移小，但不具有抗拔功能。上述缺陷限制了隔震支座在大跨空间结构中的应用，通常要配合其他阻尼装置共同发挥作用。例如，美国旧金山国际机场中转站，通过在柱底设置摩擦摆隔震支座降低大跨度桁架结构的振动响应，预计可减小 70%的地震作用（图 1-3）。土耳其阿塔图克机场候机大厅采用金字塔形屋盖结构，在 1999 年采用摩擦摆隔震支座进行震后加固（图 1-4）。此外，美国西雅图 Seahawks 棒球馆也采用了摩擦摆进行柱顶隔震设计。

（a）机场俯瞰图　　　　　　　　　　　（b）摩擦摆柱底隔震

图 1-3　美国旧金山国际机场隔震设计

（a）机场俯瞰图　　　　　　　　　　　（b）摩擦摆柱顶隔震

图 1-4　土耳其阿塔图克机场隔震设计

隔震技术在我国大跨空间结构中也有广泛的应用，典型工程有上海国际赛车金融中心，其采用盆式橡胶支座进行柱顶隔震，分析显示位移控制效果可达 40%~45%，加速度减振效果可达 65%~75%。宿迁市文体综合馆为椭圆形空间钢筋混凝土框架结构和钢网壳屋盖组合体系，采用隔震支座与黏滞消能器的组合振动控制方案。采用隔震措施后，上部结构减振系数可取 0.38。北京大兴国际机场航站楼屋盖采用钢结构，设计时采用层间隔震技术，隔震层由铅芯橡胶垫、普通橡胶垫、弹性滑板支座组合而成（图 1-5）。隔震层的设置不仅减小地震作用，同时有效解决混凝土温度应力问题。昆明长水国际机场主航站楼为复杂大跨钢-混凝土组合结构，共用了 1810 个橡胶隔震支座和 108 个黏滞阻尼器，解决了竖向承载力和水平向刚度的矛盾问题，满足"降 1 度设计"的预期减振目标。

（a）机场俯瞰图

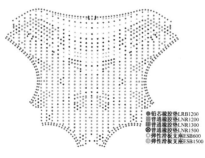

铅芯橡胶垫LRB1200
普通橡胶垫LNR1200
普通橡胶垫LNR1300
普通橡胶垫LNR1500
弹性滑板支座ESB600
弹性滑板支座ESB1500

（b）橡胶支座布置情况

图 1-5　北京大兴国际机场隔震设计

从目前隔震技术在大跨空间结构中的应用情况看，均采用水平隔震技术。虽然国内外研究学者已研发了各种类型的三维隔震支座，但尚未有三维隔震技术在大跨空间结构中的应用实例。继续研发和改进适用于大跨空间结构的三维隔震支座，推动隔震技术在大跨空间结构中的应用势在必行。

1.3　减振体系在大跨空间结构中的发展动态

结构减振通常是在结构上安装附加装置实现减振控制，其主要原理是改变结构质量或刚度，从而改变结构的自振周期，使结构自振周期远离建筑场地卓越周期，有效降低结构加速度反应；或者利用高阻尼材料制成阻尼器并设置于结构的连接部位，增大结构的阻尼，加大地震动能量的消耗，降低结构的位移反应。常用的减振装置有调谐质量阻尼器、黏滞阻尼器、黏弹性阻尼器、摩擦阻尼器、磁流变阻尼器等。

1.3.1　减振装置研发及力学性能研究

针对大跨空间结构减振装置，有关学者对常见的阻尼器进行改造和创新，并通过减振分析和试验证明了阻尼器的有效性。例如，利用 SMA 材料的超弹性特性和高阻尼特性, 庄鹏等[23]提出一种 SMA-摩擦弹簧阻尼器, 并以 V 形附加支撑的形式将耗能杆件布置在结构的底层柱周围。研究表明, SMA-摩擦弹簧阻尼器对水平地震响应的减振效果优于对竖向地震响应的减振效果。赵祥等[24]提出一种 SMA 复合黏滞阻尼器, 其以替换杆件的方式设置在结构中, 利用改进的遗传算法确定了阻尼器在结构中的布置位置及数量。结果表明, SMA 复合黏滞阻尼器可在一定程度上减小结构的节点位移, 验证了阻尼器及替换杆件策略的可行性。Lu 等[25]提出一种新型钢管摩擦阻尼器, 可用于替换大跨空间结构中近似受轴向力的杆件。韩庆华等[26]提出了一种多维减振阻尼器, 由法兰盘、连接耳板、阻尼元件三部分组成, 实现了在较小空间内多阻尼元件的并联, 将外部多维复杂变形以及荷载转化为每个阻尼元件的拉压变形以及轴向力, 适用于大跨空间结构三维减振。

除对被动耗能减振装置进行改造和创新外, 研究学者不断将智能控制和智能材料引入大跨空间结构中。例如, 王社良等[27]、代建波等[28]提出大跨空间结构超磁致伸缩主动杆件, 并对超磁致伸缩杆件主动控制系统的有效性进行了验证。倪莉等[29]提出一种变刚度变阻尼半主动控制器模型, 并通过对双层柱面网壳进行数值分析得出控制器的布置规律, 研究屋面质量与控制器阻尼系数对结构减振效果的影响。丁阳等[30]设计一种双向磁流变阻尼器, 并进行了双向磁流变阻尼器的试验研究; 在此基础上, 张路[31]以附加斜撑的形式将双向磁流变阻尼器布置在大跨空间结构中, 并对双向磁流变阻尼器的减振效果进行分析, 结果证明双向磁流变阻尼器可有效减小结构响应。寇捷[32]研究压电摩擦阻尼器对双层球面网壳的振动控制, 分析地震波、地震动强度以及压电摩擦阻尼器的性能参数对减振效果的影响。结果表明, 阻尼器替换杆件可降低结构的动力响应, 但与此同时, 阻尼器也降低了结构的刚度。

近些年来, 国内外学者在大跨空间结构减振方面取得了很多成果, 但仍需要进一步探索与改进, 如阻尼器存在构造复杂、后期维护困难等问题。大跨度空间结构跨度大, 杆件多, 竖向地震响应较框架结构更为明显。因此, 有必要继续研究适用于大跨空间结构的减振装置, 使其同时具有良好的耗能能力、自复位能力、抗疲劳性能及可更换性, 为减振装置在大跨空间结构中的广泛应用奠定基础。

1.3.2　大跨空间结构减振机理及工程应用

1. 大跨空间结构减振机理研究

减振技术作为一种成熟的振动控制手段, 在大跨空间结构中得到较为广泛的应用, 主要集中在网壳结构的地震反应控制的应用中。其主要采用两种方式: 第一种是在网壳中设置多个调谐质量阻尼器(tuned mass damper, TMD)装置, 第二种是在网壳结构中设置黏滞阻尼器和黏弹性阻尼器等。工程实践表明, 在结构的某些关键部位安装减振装置可以很好地控制结构在地震、风等动力荷载作用下的反应。

针对 TMD，Yamada[33] 提出将 TMD 应用于大跨空间结构的振动控制，通过数值分析对 TMD 系统的有效性进行验证。叶继红等[34-35]对网壳结构 TMD 减振控制理论进行研究，分析 TMD 系统应用于网壳结构减振的理论可能性，并提出采用 TMD 系统减振的研究思路。对于刚度相对较弱的结构，TMD 减振系统控制效果较好。

针对黏滞阻尼器，范峰等[36]、贾斌等[37]将黏滞阻尼器附加于大跨空间结构中。由于黏滞阻尼器的存在，结构总阻尼增大，从而使结构振动减小。朱礼敏等[38]研究了黏滞阻尼器对双层柱面网壳的振动控制效果，对比了黏滞阻尼器在附加与替换两种设置方式下结构的动力响应。结果表明，替换方式的减振效果优于附加方式。

针对黏弹性阻尼器，范峰等[39]将黏弹性阻尼器引入网壳结构，通过对单层球面网壳结构与单层柱面网壳进行减振分析，验证了黏弹性阻尼系统的适用性。Yang 等[40]研究黏弹性阻尼器作为可替换的杆件对双层球面网壳的被动控制效果，提出基于灵敏度分析的黏弹性阻尼器优化布置方法，并以双层凯威特球面网壳为研究对象，分析得出在基于灵敏度的优化布置下，黏弹性阻尼器替换杆件可起到一定的减振作用，黏弹性阻尼器的阻尼系数存在最优值。韩庆华等[41]在隔震基础上，应用黏弹性阻尼器替换结构中的杆件，通过对比不同位置杆件的变形能确定了阻尼器的布置位置，为大跨管桁架结构的多维振动控制设计提供参考。

针对摩擦阻尼器，Lu 等[42]将新型钢管摩擦阻尼器应用于双层球面网壳，采用基于模态附加阻尼比的阻尼器布置方法，研究杆件替换率、地震动强度及不同地震作用对减振效果的影响。

此外，为解决大跨空间结构的耗能阻尼器最优布置和最优数量问题，阳光[43]基于遗传算法，以典型的肋环型球面网壳和四角锥双层柱面网壳作为算例，经过寻优确定了阻尼杆件的布置位置和数量，比较了风荷载下不同寻优结果的优劣。胡多承[44]利用蚁群优化算法寻求风荷载下网壳结构的阻尼器最优布置方案。

上述不同减振装置的分析理论和设计方法阐明减振技术可有效降低大跨空间结构在地震荷载和风荷载下的响应。与隔震技术类似，缺乏针对大跨空间结构减振体系开展的试验研究，也缺乏针对不同类型的大跨空间结构提出统一的设计方法，亟需进一步探究结构类型、杆件替换方式、地震动强度和地震动类型等参数对大跨空间结构减振效果的影响。

2. 减振技术在大跨空间结构中的应用

在大跨空间结构中应用最广泛的减振装置为油压阻尼器，如日本长野市奥林匹克竞技馆为保证屋面稳定性，在该结构的屋面系统中安装了油阻尼器。分析结果表明，安装油阻尼器后屋盖振动响应明显减小。日本福冈开闭式体育场屋顶结构采用由径向与环向构件构成的三角网格的平行桁架，为防止强烈地震时振幅较大的顶部相碰撞，在屋顶中心部位设置了油压减振器（图1-6）。美国西雅图棒球场屋顶为不对称三铰拱钢架，设计者将 4 个世界上最大的 7m 长液压黏滞阻尼器设置在屋顶桁架和柱子的连接处，允许温度等荷载下的缓慢变形、减小风力和移动屋顶时的撞击，可以吸收大量风荷载和地震荷载。沈阳北站无站台柱雨棚改造工程和天津市奥林匹克中心体育场均利用黏滞阻尼器进行风振控制，计算结果表明，黏滞阻尼器对结构的节点位移及单元应力均有一定的控制作用，适用于大跨空间结构的风振控制。

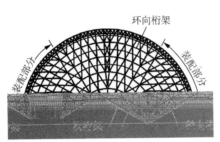

（a）体育场平面图　　　　　　　　（b）屋顶油压减振器

图 1-6　福冈开闭式体育场

图 1-7　芝加哥战士体育场看台下安装的 TMD 减振系统

在芝加哥战士体育场看台首次使用 TMD 减振系统控制因看台上观众移动和突发性扰动可能带来的振动，设置 36 个泰勒液体黏滞阻尼器并配合 TMD 系统，大大减少结构的振动响应（图1-7）。沈阳站大跨度屋盖及上海世博文化中心悬挑钢结构也选取 TMD 装置对结构进行振动控制，结果表明 TMD 减振方案可以满足人群荷载作用下的舒适度要求，减振效果良好。

蚌埠体育中心大悬挑钢结构屋盖采用多重 TMD 进行风振控制，分析结果显示，大悬挑钢结构屋盖设置 TMD 后，其动力响应得到了很好的抑制，最大位移减振 76.47%，最大速度减振率 75.71%，最大加速度减振率 66.25%。

大跨空间结构的振动控制现在已引起学者的重视，但研究程度远不及对多、高层房屋研究的深入和广泛，尤其是国内的应用研究刚刚起步。其主要原因是空间结构自由度数高、动力特性复杂，频率及振型分布密集，其次结构节点、单元数多，动力分析复杂，且最优控制部位难以确定。此外，目前关于大跨空间结构的抗风设计理论尚且不够成熟，而针对不同类型结构的抗风措施更是缺乏完善、可靠的设计标准。但从国外的应用实例可以看出，减振装置对大跨结构的减振效果是非常明显的，在大跨空间结构中应用减振技术，针对大跨空间结构的地震破坏和风致破坏提出有效减小结构振动的措施，具有极大的理论意义和工程应用价值。

本 章 小 结

大跨空间结构自由度数高，节点及单元数多，动力特性复杂，结构形式多样，消能布置难以确定，其最优控制部位很难寻求统一的形式。然而，结构被动控制技术将传统的依靠结构自身强度和刚度增强结构抗力的设计方法转变为利用控制装置吸收并耗散振动能量，是抗震防灾的一种积极有效的设计手段。经过 30 余年的发展，大跨空间结构抗震分析理论和设计方法逐步完善，隔震减振技术在大跨空间结构中有了一定程度的应用。然而，随着大跨空间结构向超长、超大跨和体系复杂化方向发展，大跨空间结构灾变过程、性能化设计方法将成为新的热点问题。基于现有研究成果，应进一步加强振动控制技术的应用研究，开发有关新型、实用的产品，研究配套的设计计算方法和构造措施，最大限度地减轻灾害风险，为大跨空间结构提供最直接、最有效的安全保障。

参 考 文 献

[1] 薛素铎，周乾. SMA-橡胶复合支座在空间网壳结构中的隔震研究 [J]. 北京工业大学学报，2004（2）：176-179.

[2] 陈海泉，李忠献，李延涛. 应用形状记忆合金的高层建筑结构智能隔震 [J]. 天津大学学报，2002（6）：761-765.

[3] 董军，刘伟庆，王曙光，等. 宿迁市文体馆基础隔震非线性时程分析研究 [J]. 地震工程与工程振动，2002（6）：103-108.

[4] CONSTANTINOU M C, MOKHA A S, REINHORN A M. Study of sliding bearing and helical-steel-spring isolation system [J]. Journal of Structural Engineering, 1991（4）: 1257-1275.

[5] 薛素铎，潘克君，李雄彦. 竖向抗拔摩擦摆支座力学性能的试验研究 [J]. 土木工程学报，2012，45（S2）：6-10.

[6] 熊世树. 三维基础隔震系统的理论与试验研究 [D]. 武汉：华中科技大学，2004.

[7] 刁涣玺. 大跨结构三维复合隔震支座研究 [D]. 北京：北京交通大学，2012.

[8] 庄鹏，薛素铎. 球面网壳结构的分段式多维隔震控制 [J]. 世界地震工程，2012，28（2）：26-34.

[9] XU Z, HUANG X, GUO Y, et al. Study of the properties of a multi-dimensional earthquake isolation device for reticulated structures [J]. Journal of Constructional Steel Research, 2013, 88: 63-78.

[10] 刘文光，余宏宝，IMAM M，等. 倾斜旋转型三维隔震装置的力学模型和竖向性能试验研究 [J]. 振

动与冲击，2017，36（9）：68-73.

[11] 陈兆涛，丁阳，石运东，等. 大跨空间结构竖向变刚度三维隔震装置及其隔震性能研究 [J]. 建筑结构学报，2019，40（10）：35-42.

[12] 朱忠义，束伟农，柯长华，等. 减隔震技术在航站楼大跨结构中的应用 [J]. 空间结构，2012，18（1）：17-24.

[13] 李雄彦. 摩擦-弹簧三维复合隔震支座研究及其在大跨机库中的应用 [D]. 北京：北京工业大学，2008.

[14] 黄兴淮. 大跨网格结构倒塌模式与多维减震控制研究 [D]. 南京：东南大学，2015.

[15] 刁涣玺. 大跨结构三维复合隔震支座研究 [D]. 北京：北京交通大学，2012.

[16] 黄河. 三维复合隔震支座的碟形弹簧试验与应用研究 [D]. 北京：北京交通大学，2013.

[17] 张家云. 三维复合隔震支座及其在网壳结构中的应用 [D]. 北京：北京交通大学，2014.

[18] 单明岳，李雄彦，薛素铎. 单层柱面网壳结构 HDR 支座隔震性能试验研究 [J]. 空间结构，2017，23（3）：52-59.

[19] 李雄彦，单明岳，薛素铎，等. 摩擦摆隔震单层柱面网壳地震响应试验研究 [J]. 振动与冲击，2018，37（6）：68-75，98.

[20] 薛素铎，赵伟，李雄彦. 摩擦摆支座在单层球面网壳结构隔震控制中的参数分析 [J]. 北京工业大学学报，2009，35（7）：933-938.

[21] 庄鹏，薛素铎，宋飞达. 网架屋盖考虑下部结构的摩擦摆隔震控制 [J]. 工业建筑，2012，42（3）：33-38.

[22] 孙梦涵. 应用摩擦摆网架结构抗震性能研究 [D]. 哈尔滨：哈尔滨工业大学，2013.

[23] 庄鹏，王文婷，韩淼，等. 摩擦-SMA 弹簧复合耗能支撑在周边支承单层球面网壳结构中的减震效应研究 [J]. 振动与冲击，2018，37（4）：99-109.

[24] 赵祥，刘忠华，王社良，等. 多维地震作用下大跨空间结构的减震控制分析 [J]. 地震工程学报，2018，40（3）：398-405.

[25] LU Y, HAO G, HAN Q, et al. Steel tubular friction damper and vibration reduction effects of double-layer reticulated shells [J]. Journal of Constructional Steel Research，2020，169：106019.

[26] 韩庆华，郭凡夫，刘铭劼，等. 多维减振阻尼器力学性能研究 [J]. 建筑结构学报，2019，40（10）：69-77.

[27] 王社良，朱熹育，朱军强，等. 输电塔减震主动控制中 GMM 作动器的优化布置研究 [J]. 振动与冲击，2012，31（19）：48-52.

[28] 代建波，王社良，赵祥. 基于 GMM 的空间网壳结构地震响应优化控制方法与试验研究 [J]. 振动与冲击，2015，34（18）：129-135.

[29] 倪莉，张毅刚. 可控制杆件在双层柱面网壳结构中的最优布置 [J]. 世界地震工程，2001（3）：98-104.

[30] 丁阳，张路，李忠献. 阻尼力双向调节磁流变阻尼器的结构设计与性能预估 [J]. 工程力学，2009，26（5）：73-79.

[31] 张路. 新型磁流变阻尼器及大跨度空间结构半主动控制体系研究 [D]. 天津：天津大学，2010.

[32] 寇捷. 双层球面网壳结构的压电摩擦阻尼器减振控制研究 [D]. 沈阳：东北大学，2011.

［33］YAMADA M. Vibration control of large space structure using TMD system ［C］. 15th Asian-Pacific Conference on Structural Engineering and Construction，Reston，1995.

［34］叶继红，陈月明，沈世钊. 网壳结构 TMD 减震系统的优化设计 ［J］. 振动工程学报，2000（3）：56-64.

［35］叶继红，陈月明，沈世钊. TMD 减震系统在网壳结构中的应用 ［J］. 哈尔滨建筑大学学报，2000（5）：10-14.

［36］范峰，沈世钊. 网壳结构的粘滞阻尼减振分析与试验研究 ［J］. 地震工程与工程振动，2000（1）：105-111.

［37］贾斌，罗晓群，张其林，等. 粘滞阻尼器对空间结构的振动控制效应 ［J］. 地震工程学报，2014，36（1）：39-46.

［38］朱礼敏，钱基宏，张维嶽. 大跨空间结构中黏滞阻尼器的位置优化研究 ［J］. 土木工程学报，2010，43（10）：22-29.

［39］范峰，沈世钊. 网壳结构的粘弹阻尼器减振分析 ［J］. 地震工程与工程振动，2003（3）：156-159.

［40］YANG Y，MA H. Optimal topology design of replaceable bar dampers of a reticulated shell based on sensitivity analysis ［J］. Earthquake Engineering and Engineering Vibration，2014，13（1）：113-124.

［41］韩庆华，陶轶洋，刘铭劼. 大跨立体管桁架三维振动控制分析 ［J］. 地震工程与工程振动，2019，39（5）：52-66.

［42］LU Y，HUANG J，HAN Q，et al. Hysteretic behavior of a shape memory alloy-friction damper and seismic performance assessment of cable supported structures and reticulated shells ［J］. Smart Materials and Structures，2020，29：115003.

［43］阳光. 空间网格结构风振抑制的阻尼器优化布置研究 ［D］. 上海：上海交通大学，2007.

［44］胡多承. 基于改进蚁群算法的大跨空间结构振动控制阻尼器布置优化研究 ［D］. 上海：上海交通大学，2018.

第2章 空气弹簧-摩擦摆三维隔震新体系及隔震性能研究

2.1 空气弹簧-摩擦摆三维隔震支座的概念设计

空气弹簧-摩擦摆三维隔震支座由用于竖向隔震的空气弹簧和用于水平隔震的摩擦摆隔震支座构成，如图 2-1 所示。为确保三维隔震支座具有较高的承载力和可靠性，空气弹簧橡胶囊体采用双层高强度钢丝帘线的构造方式，钢丝帘线由优质高碳钢经表面镀层、拉拔、加捻制成。空气弹簧橡胶囊体与上下端板通过法兰硫化成一体，上下端板通过螺栓与空气弹簧外套筒连接在一起。空气弹簧外上下套筒限制了空气弹簧的水平变形，实现了隔震支座水平和竖向运动的解耦，同时起到竖向限位和抗拔的作用。摩擦摆滑块上表面和空气弹簧下套筒下表面间的相对转动使支座具有转动能力，滑块在摩擦摆底座曲面上滑动产生水平位移，可依靠重力实现水平自复位，摩擦摆抗拔板之间的接触实现抗拔。

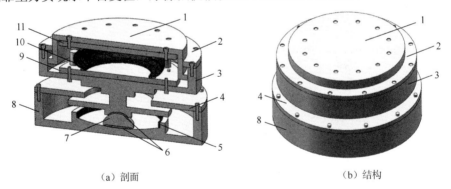

(a) 剖面　　　　　　　　　　　　　　(b) 结构

1—顶部竖向隔震筒；2—底部竖向隔震筒；3—竖向隔震筒抗拔板；4—摩擦摆内滑块；5—空气弹簧上端板；
6—空气弹簧下端板；7—空气弹簧囊体；8—摩擦摆底座；9—聚四氟乙烯板；
10—缓冲橡胶垫；11—摩擦摆抗拔板。

图 2-1　空气弹簧-摩擦摆三维隔震支座

三维隔震支座顶部竖向隔震筒、底部竖向隔震筒和摩擦摆底座采用 Q355B/ZG270-500，空气弹簧抗拔板、摩擦摆抗拔板和摩擦摆内滑块采用 Q355B。

空气弹簧-摩擦摆三维隔震支座具有如下特点。

1）空气弹簧竖向刚度低，变形能力强，可有效隔离长周期低频地震动。

2）空气弹簧具有可调非线性静、动态刚度。

3）支座具有转动功能、抗拔功能和水平自复位功能，且残余位移小。

4）可同时隔离水平和竖向地震，且水平运动和竖向运动完全解耦。

5）摩擦摆的刚度中心自动与隔震结构的质心重合，能在最大程度上消除结构的扭转运动。

6）摩擦摆高度低、强度高、竖向刚度大，安装费用低，具有很高的可靠性和稳定性。

2.2　空气弹簧-摩擦摆三维隔震支座的理论模型和力学性能

2.2.1　空气弹簧的理论模型

空气弹簧是利用密闭囊体中的高压压缩气体的恢复力实现隔震的一种非金属弹簧，主要分为膜式空气弹簧、囊式空气弹簧和混合式空气弹簧 3 种。其中，囊式空气弹簧制造简单，寿命较长，且竖向刚度较大，振动频率较低的同时也可有效限制支座竖向位移反应，适用于大跨空间结构。

空气弹簧的有效承压面积是其在承受垂向承载时的荷载与气压之比，其意义是将橡胶气囊变形产生的弹性力等效到气体压缩产生的弹性力中。空气弹簧的有效面积在压缩和拉伸过程中会发生变化。空气弹簧的竖向承载力为

$$F_{v} = pA_{eff} \tag{2-1}$$

式中，F_{v} 为空气弹簧的竖向承载力；p 为指定状态下空气弹簧气体压力；A_{eff} 为空气弹簧的有效承压面积。

假设囊内气体为理想气体，加载过程中温度不变，根据理想气体状态方程，对于空气弹簧内固定质量的气体有

$$(p + p_{a})V^{n} = (p_{0} + p_{a})V_{0}^{n} \tag{2-2}$$

$$p = \frac{(p_{0} + p_{a})V_{0}^{n}}{V^{n}} - p_{a} \tag{2-3}$$

式中，p 为指定状态下的气压；V 为指定状态的气体体积；p_{0} 为初始状态下的气压；V_{0} 为初始状态的气体体积；p_{a} 为大气压力；n 为气体多变指数。

当空气弹簧缓慢振动时，气体的变化过程可视为等温过程，$n \approx 1$；当空气弹簧剧烈振动时，气体的变化过程可视为绝热过程，$n \approx 1.3 \sim 1.4$。

图 2-2 为空气弹簧的结构，其中 a 为空气弹簧囊体上盖板的直径，R 为囊体的最大径向半径，r 为囊体经向圆弧线半径，l 为帘线的长度，θ 为囊体经向圆弧线角度的一半，h 为囊体高度。

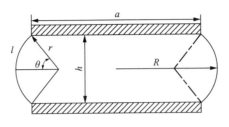

图 2-2　空气弹簧的结构

假设竖向荷载 F_{v}' 使空气弹簧产生微小的竖向位移 dz，则空气弹簧的刚度 K_{v} 为

$$K_{\mathrm{v}}=\frac{\mathrm{d}F_{\mathrm{v}}'}{\mathrm{d}z}=\frac{\mathrm{d}(p\times A_{\mathrm{eff}})}{\mathrm{d}z}=p\frac{\mathrm{d}A_{\mathrm{eff}}}{\mathrm{d}z}+A_{\mathrm{eff}}\frac{\mathrm{d}p}{\mathrm{d}z} \tag{2-4}$$

将式（2-3）对 z 求导得

$$\frac{\mathrm{d}p}{\mathrm{d}z}=-n(p+p_{\mathrm{a}})\frac{V_0^{\,n}}{V^{n+1}}\frac{\mathrm{d}V}{\mathrm{d}z} \tag{2-5}$$

近似 $\dfrac{V_0^{\,n}}{V^{n+1}}\approx1$，故式（2-5）简化为

$$\frac{\mathrm{d}p}{\mathrm{d}z}=-n(p+p_{\mathrm{a}})\frac{\mathrm{d}V}{\mathrm{d}z} \tag{2-6}$$

当空气弹簧在竖向荷载 F_{v}' 作用下发生微小竖向位移 dz 时，根据虚位移原理得

$$F_{\mathrm{v}}'\mathrm{d}z+p\mathrm{d}V=0 \tag{2-7}$$

$$\frac{\mathrm{d}V}{\mathrm{d}z}=-\frac{F_{\mathrm{v}}'}{p}=-A_{\mathrm{eff}} \tag{2-8}$$

将式（2-8）代入式（2-6）得

$$\frac{\mathrm{d}p}{\mathrm{d}z}=n(p+p_{\mathrm{a}})A_{\mathrm{eff}} \tag{2-9}$$

将式（2-9）代入式（2-4），得空气弹簧的刚度 K_{v} 为

$$K_{\mathrm{v}}=p\frac{\mathrm{d}A_{\mathrm{eff}}}{\mathrm{d}z}+n\frac{(p+p_{\mathrm{a}})}{V}A_{\mathrm{eff}}^2 \tag{2-10}$$

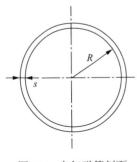

图 2-3　空气弹簧剖面

由式（2-10）可见，空气弹簧的刚度由两个部分构成，第一部分与空气弹簧有效承压面积和竖向位移的变化有关，第二部分与空气弹簧内部的压力、体积和有效承压面积有关。在计算空气弹簧的有效承压面积时，可将空气弹簧沿直径最大的截面向上剖开，如图 2-3 所示，对上部空气弹簧进行受力分析。

根据受力平衡，有

$$F_{\text{v}} = p\pi R^2 - 2\pi Rs\sigma_{\text{s}} \tag{2-11}$$

式中，R 为空气弹簧气囊囊体半径；s 为空气弹簧气囊囊壁厚度；σ_{s} 为气囊在剖面承受的正应力。

将式（2-11）两端同除以气压 p 得

$$\frac{F_{\text{v}}}{p} = A_{\text{eff}} = \pi R^2 - \frac{2\pi Rs\sigma_{\text{s}}}{p} \tag{2-12}$$

即

$$A_{\text{eff}} = \pi R^2 \left(1 - 2\frac{s\sigma_{\text{s}}}{Rp}\right) \tag{2-13}$$

在空气弹簧的囊体半径、囊壁厚度和气压已知的条件下，式（2-13）中仅 σ_{s} 是未知量。取一囊壁微元体进行受力分析，如图 2-4 所示，$\text{d}\phi$ 和 $\text{d}\varphi$ 分别为微元体的径向和轴向圆弧角度。该微元体的水平向长度为 $R\text{d}\phi$，垂直向长度为 $r\text{d}\varphi$。垂直于 $R\text{d}\phi s$ 面的应力为 σ_{s}，受力为 $\text{d}F_{\text{s}}$；垂直于 $r\text{d}\varphi s$ 面的应力为 σ_{u}，受力为 $\text{d}F_{\text{u}}$。囊内气压对单元体的径向压力为 $\text{d}F_{\text{r}}=pR\text{d}\phi r\text{d}\varphi$。

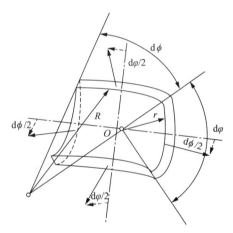

图 2-4　囊壁微元体受力分析

$\text{d}F_{\text{s}}$ 和 $\text{d}F_{\text{u}}$ 的径向分力分别为

$$\text{d}F_{\text{s,r}} = \sin\frac{\text{d}\varphi}{2}\text{d}F_{\text{s}} \tag{2-14}$$

$$\text{d}F_{\text{u,r}} = \sin\frac{\text{d}\phi}{2}\text{d}F_{\text{u}} \tag{2-15}$$

当 ϕ 和 φ 很小时，$\sin\dfrac{\text{d}\varphi}{2}=\dfrac{\text{d}\varphi}{2}$，$\sin\dfrac{\text{d}\phi}{2}=\dfrac{\text{d}\phi}{2}$，即

$$\text{d}F_{\text{s,r}} = \frac{\text{d}\varphi}{2}\text{d}F_{\text{s}} \tag{2-16}$$

$$\text{d}F_{\text{u,r}} = \frac{\text{d}\phi}{2}\text{d}F_{\text{u}} \tag{2-17}$$

该微元体沿径向的平衡方程为

$$\text{d}F_{\text{r}} = 2\text{d}F_{\text{s,r}} + 2\text{d}F_{\text{u,r}} \tag{2-18}$$

式中，$\text{d}F_{\text{r}}$ 为微元体的径向合力，即

$$pR\text{d}\phi r\text{d}\varphi = \sigma_{\text{s}}Rs\text{d}\phi\text{d}\varphi + \sigma_{\text{u}}rs\text{d}\phi\text{d}\varphi \tag{2-19}$$

简化后为

$$pRr = \sigma_{\text{s}}Rs + \sigma_{\text{u}}rs \tag{2-20}$$

图 2-5　囊体变形量

囊体材料在变形过程中的应力与应变呈非线性关系，但在应变 $\varepsilon < 15\%$ 的范围内可近似认为是线性的[1]，故可以认定空气弹簧在设计的允许工作范围内应力和应变服从胡克定律。假设在气压作用下，微元体在垂向和周向产生相同的变形量 $\Delta r = \Delta R$，如图 2-5 所示，则垂向应变和周向应变之间的关系为

$$\varepsilon_s = \frac{\sigma_s}{E_s} = \frac{\Delta r}{r} \tag{2-21}$$

$$\varepsilon_u = \frac{\sigma_u}{E_u} = \frac{\Delta R}{R} \tag{2-22}$$

式中，ε_s 为垂向应变；ε_u 为周向应变；E_s 为空气弹簧径向当量弹性模量，$E_s = E_f n \rho \cos^4 \gamma$（$E_f$ 为单根帘线的断面积与其弹性模量之积；n 为帘线层数；ρ 为帘线密度；γ 为帘线角），E_u 为空气弹簧周向当量弹性模量，$E_u = E_f n \rho \sin^4 \gamma$。

由于 $\Delta r = \Delta R$，有

$$\frac{\sigma_s}{\sigma_u} = \frac{E_s}{E_u} \frac{R}{r} \tag{2-23}$$

$$\frac{\sigma_s}{\sigma_u} = \frac{R}{r \tan^4 \gamma} \tag{2-24}$$

将式（2-24）代入式（2-20），得

$$\sigma_s = \frac{Rrp}{Rs + rs \dfrac{r \tan^4 \gamma}{R}} \tag{2-25}$$

将式（2-25）代入式（2-13），得

$$A_{\text{eff}} = \pi R^2 \left(1 - \frac{2r}{R + r \dfrac{r \tan^4 \gamma}{R}} \right) \tag{2-26}$$

由于帘线层弹性模量较大，假设变形过程中囊体径向帘线长度保持不变。定义 l_0 为帘线的初始长度，s 为 r 在 R 方向上的投影。上述参数满足几何关系

$$2\theta r = l = l_0 \tag{2-27}$$

$$\sin \theta = \frac{\dfrac{h}{2}}{r} \tag{2-28}$$

$$s = r \cos \theta \tag{2-29}$$

$$R = \frac{a}{2} + r - s \tag{2-30}$$

当已知 a 和 l，并给定囊体高度 h 时，未知量 θ、r、s、R 可通过式（2-27）～式（2-30）获得，进一步可求得空气弹簧的有效承压面积 A_{eff}。将式（2-26）代入式（2-1），得空气弹簧的竖向承载力 F_{v} 为

$$F_{\text{v}} = p\pi R^2 \left(1 - \frac{2r}{R + r\dfrac{r\tan^4\gamma}{R}} \right) \tag{2-31}$$

设 $\dfrac{\mathrm{d}A_{\text{eff}}}{\mathrm{d}z} = \alpha p A_{\text{eff}}$，代入式（2-10）得空气弹簧竖向刚度 K_{v} 为

$$K_{\text{v}} = \alpha p A_{\text{eff}} + n\frac{(p + p_{\text{a}})}{V} A_{\text{eff}}^2 \tag{2-32}$$

式中，α 为竖向形状系数。

对于囊式空气弹簧，有

$$\alpha = \frac{1}{R_{\text{eff}}} \frac{\cos\theta + \dfrac{\pi\theta}{180}\sin\theta}{\sin\theta - \dfrac{\pi\theta}{180}\cos\theta} \tag{2-33}$$

式中，R_{eff} 为空气弹簧胶囊有效承压面积对应的有效半径，即

$$R_{\text{eff}} = \sqrt{\frac{A_{\text{eff}}}{\pi}} \tag{2-34}$$

2.2.2　摩擦摆的理论模型

摩擦摆支座的理论模型可简化为沿圆弧面滑道运动的滑块[2]，如图 2-6 所示。其中，R_{H} 为摩擦摆底面圆弧半径，θ_{H} 为滑块转动的角度，r_{H} 为滑块的底面半径，D 为滑块水平位移，W 为滑块承受的上部竖向荷载，N 为滑块受到的支撑力，f 为滑块受到的摩擦力，F_{H} 为滑块受到的水平地震力，μ 为滑面的摩擦系数。

当滑块水平位移为 D 时，根据其水平向和竖向受力平衡可得

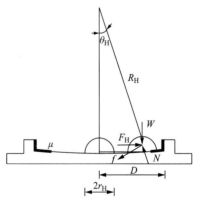

图 2-6　摩擦摆滑块的受力模型

$$F_{\text{H}} = N\sin\theta_{\text{H}} + f\cos\theta_{\text{H}} \tag{2-35}$$

$$W = N\cos\theta_{\text{H}} - f\sin\theta_{\text{H}} \tag{2-36}$$

由于 $\dfrac{D}{R_{\text{H}}} \approx \sin\theta$，根据式（2-35）和式（2-36）可得到平衡方程

$$F_{H} = \frac{WD}{R_{H}\cos\theta_{H}} + \frac{f}{\cos\theta_{H}} \tag{2-37}$$

当 θ_{H} 很小时，$\cos\theta_{H}$ 趋近于 1，N 趋近于 W，平衡方程可以简化为

$$F_{H} = \frac{WD}{R_{H}} + \mu W \tag{2-38}$$

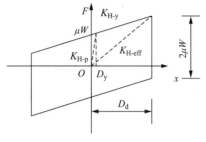

图 2-7　摩擦摆隔震支座的受力模型

根据式（2-38）可得到摩擦摆隔震支座的受力模型，如图 2-7 所示。其中，D_{d} 为摩擦摆支座的设计极限位移，该时刻对应的刚度为等效刚度 $K_{H\text{-eff}}$；摩擦摆支座克服静摩擦力滑行微小位移阶段所得的刚度为初始刚度 $K_{H\text{-p}}$，对应的初始屈服位移为 D_{y}；滑块克服静摩擦力起滑后的刚度为屈服后刚度 $K_{H\text{-y}}$，故

$$K_{H\text{-eff}} = \frac{F_{H}}{D_{d}} = \frac{W}{R_{H}} + \frac{\mu W}{D_{d}} \tag{2-39}$$

$$K_{H\text{-y}} = \frac{W}{R_{H}} \tag{2-40}$$

$$K_{H\text{-p}} = \frac{\mu W}{D_{y}} \tag{2-41}$$

由于上部结构的刚度远大于支座的刚度，上部结构与支座串联体系的刚度近似等于摩擦摆支座的刚度，故带摩擦摆支座结构的水平等效自振周期为

$$T_{e} = 2\pi\sqrt{\frac{W}{gK_{H\text{-eff}}}} = 2\pi\sqrt{\frac{D_{d}R_{H}}{g(D_{d} + \mu R_{H})}} \tag{2-42}$$

2.3　空气弹簧-摩擦摆三维隔震支座力学性能试验

2.3.1　空气弹簧-摩擦摆三维隔震支座力学性能数值模拟

1. 空气弹簧数值模拟

（1）橡胶材料

橡胶气囊由内外层橡胶和帘线层硫化而成，在工作过程中会产生几何、材料、接触三重非线性问题。描述帘线-橡胶复合材料的方法有两类：一是采用复合材料

细观力学理论公式；二是用 rebar 表征橡胶基体材料和加强筋帘线[3]。橡胶材料在初始阶段表现为各向同性且非线性，但是经过大变形的拉伸以后，橡胶的分子链会在拉伸方向发生有序排列，从而变为各向异性材料。但对于空气弹簧中的橡胶，其形变还没有达到足以改变其分子链排列的程度，可将其视为各向同性材料。橡胶具有显著的超弹性材料特性，即相对于剪切弹性，其可压缩性非常小，超弹性材料几乎不可压缩，在大应变值也可以保持弹性。

具有超弹性的橡胶材料力学性能可以用应变能密度函数 W 来描述，它表示储存在每单位材料参考体积里的应变能，即

$$W = W(I_1, I_2) \tag{2-43}$$

式中，I_1 为第一应变不变量；I_2 为第二应变不变量。

根据函数 W 多项式的具体表达式，可将橡胶本构关系分为 Mooney-Rivlin 模型、Yeoh 模型、Arruda-Boyce 模型、Neo-Hookean 模型、Ogden 模型等。Mooney-Rivlin 模型是一个比较常用的模型，可以模拟绝大多数橡胶材料的力学行为，它将橡胶的应变能函数表征为应变或变形张量的纯量函数，应力表征为应变能函数对应的偏导数。其应变能密度函数模型为

$$W = C_{10}(I_1 - 3) + C_{01}(I_2 - 3) + \frac{1}{D_i}(J - 1)^2 \tag{2-44}$$

式中，C_{10} 和 C_{01} 为待定的 Mooney-Rivlin 常数，由所选橡胶的拉压试验（通常是单轴拉伸、单轴压缩和平面拉伸）数据进行拟合确定；J 为橡胶变形前后体积比；D_i 决定橡胶材料是否可压缩。

对于不可压缩的超弹性体，取 $J=1$。Mooney-Rivlin 模型适合中小变形，一般适用于应变为 100%（拉伸）和 30%（压缩）的情况，满足对空气弹簧的要求。

（2）帘线层

帘线层是橡胶气囊的主要承载部件，对空气弹簧的承载能力和耐久性起着决定性作用。帘线层中的帘线选用高强度的人造丝、尼龙或钢丝，帘线方向与橡胶气囊的子午线方向呈一定角度，层数一般为偶数层（2 层或 4 层），层与层的帘线方向相互斜交（图 2-8）。在 ABAQUS 中可用加强筋 rebar 单元有效模拟橡胶气囊中的帘线层。在定义 rebar 单元时，首先使用基体材料描述整个单元，然后加入帘线部分进行修正，可同时考虑帘线材料、单根面积、间距、方向角和位置。在 rebar 模型中，内势能分为橡胶基体和帘线两个部分，即

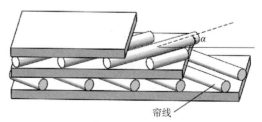

图 2-8　橡胶-帘线复合层

$$\tilde{\Pi}_i = \tilde{\Pi}_{im} + \tilde{\Pi}_{if} \tag{2-45}$$

式中，$\tilde{\Pi}_i$ 为内势能；$\tilde{\Pi}_{im}$ 为橡胶基体内势能；$\tilde{\Pi}_{if}$ 为帘线内势能。

（3）气固耦合

空气弹簧是利用空气弹簧内部压缩气体的反作用力来承担荷载。空气弹簧在工作过程中，受到的荷载发生改变，气囊有效容积也随之发生变化，囊内气压相应也发生变化，从而实现空气弹簧反作用力和荷载的动态平衡。气囊与压缩气体形成的气固耦合在 ABAQUS 中可用流体腔（fluid cavity）模拟，在定义 fluid cavity 时，系统将自动生成流体单元，并与橡胶材料壳共用节点，在分析过程中随其节点的变化而变化，可以较精确地模拟空气弹簧的气固耦合特性。

2. 整体支座有限元分析方法

采用 8 节点六面体线性缩减积分实体单元 C3D8R 对空气弹簧竖向隔震筒和摩擦摆底座进行建模，钢材和摩擦材料聚四氟乙烯采用各向同性弹性模型的本构模型。空气弹簧橡胶气囊和上下端板采用 4 节点缩减积分曲面壳单元 S4R，空气弹簧上下端板分别与空气弹簧顶部竖向隔震筒和空气弹簧底部竖向隔震筒内壁绑定约束。三维隔震支座各构件有限元模型如图 2-9 所示。

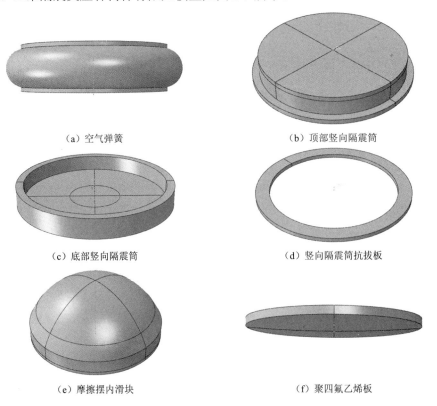

（a）空气弹簧　　　　　　　　　　　　（b）顶部竖向隔震筒

（c）底部竖向隔震筒　　　　　　　　　　（d）竖向隔震筒抗拔板

（e）摩擦摆内滑块　　　　　　　　　　　（f）聚四氟乙烯板

图 2-9　三维隔震支座各构件有限元模型

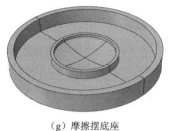
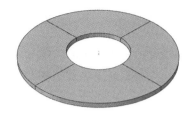

（g）摩擦摆底座　　　　　　　　　　　　（h）摩擦摆抗拔板

图 2-9（续）

竖向隔震装置共设置两组接触对，分别为顶部竖向隔震筒凸缘外侧曲面与底部竖向隔震筒内侧曲面的接触（接触对 1）、底部竖向隔震筒凸缘外侧曲面与顶部竖向隔震筒外侧曲面的接触（接触对 2），如图 2-10 所示。

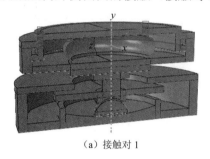
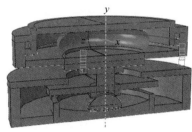

（a）接触对 1　　　　　　　　　　　　（b）接触对 2

图 2-10　竖向隔震装置接触对

水平隔震装置共设置两组接触对，分别为摩擦摆内滑块和顶部聚四氟乙烯板的接触（接触对 3）、底部聚四氟乙烯和摩擦摆底座曲面的接触（接触对 4），如图 2-11 所示。

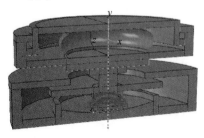
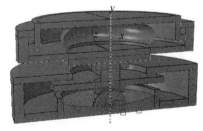

（a）接触对 3　　　　　　　　　　　　（b）接触对 4

图 2-11　水平隔震装置接触对

为使铰接滑块可以自由地在滑块容腔中旋转，选用 join 连接单元进行设置。分别将铰接滑块上曲面和滑块容腔下曲面与各自的曲面球心定义耦合约束，两个曲面半径相同，球心重合，在两个球心点处定义 join 连接。join 连接使两个连接点之间不允许发生相对平移，但可以发生各方向的相对旋转，即运动约束为 $u_1=0$、$u_2=0$、$u_3=0$。

2.3.2 空气弹簧气压-竖向承载力试验

空气弹簧主要由橡胶气囊、上下铝制端板、法兰盘和限位柱构成,橡胶气囊与上下端板通过法兰盘进行固定和连接,在空气弹簧下端板开有充气孔。本节试验用橡胶气囊为 Contitech 公司生产的 FS 1330-11HP 高压版囊式橡胶气囊,其标准工作高度为 125mm,最大许用高度为 165mm,最小许用高度为 53mm,气囊最大直径为 530mm,许用气压为 1.2MPa(图 2-12)。试验时空气弹簧竖向位移和力均由电液伺服作动系统进行控制,通过空气压缩机调整囊内气压,通过不锈钢充气延长管可实现实时压力监测的高精度压力表和控制开关的气阀的连接。

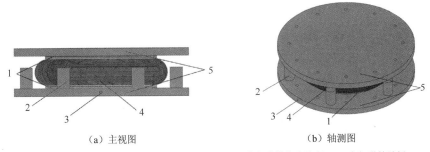

（a）主视图　　　　　　　　　　　　（b）轴测图

1—法兰盘;2—竖向限位柱;3—空气弹簧充气口;4—空气弹簧橡胶气囊;5—空气弹簧端板。

图 2-12　空气弹簧构造

试验时首先连接好充气管路,将空气弹簧置于上下液压缸之间,调整上下液压缸距离为空气弹簧橡胶气囊标准工作高度 125mm(空气弹簧整体高度为 185mm)后,固定上下液压缸位置,缓慢对空气弹簧加压(图 2-13)。从 0.1MPa 开始,气压每升高 0.05MPa 记录一次承载力值,并作出对应的气压-竖向承载力曲线(图 2-14),空气弹簧气压达到标准工作压力 1.1MPa 时停止加压。不同气压下标准高度空气弹簧应力云图如图 2-15 所示。

胎压实时监测装置

图 2-13　试验用囊式空气弹簧

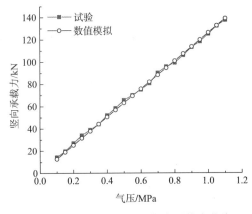

图 2-14　空气弹簧气压-竖向承载力曲线

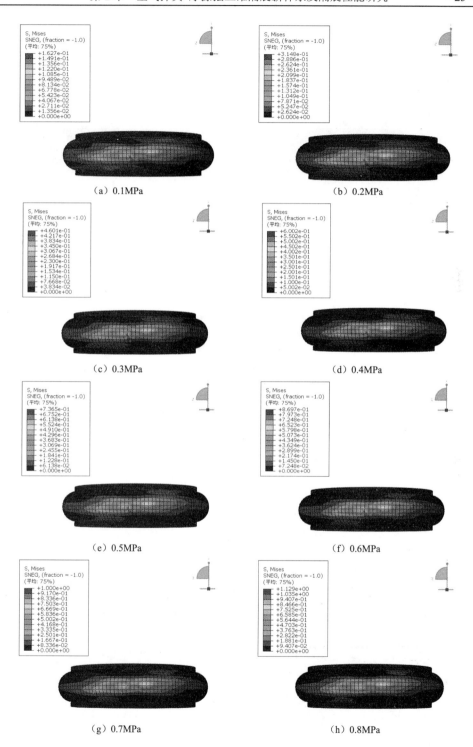

图 2-15　不同气压下标准高度空气弹簧应力云图

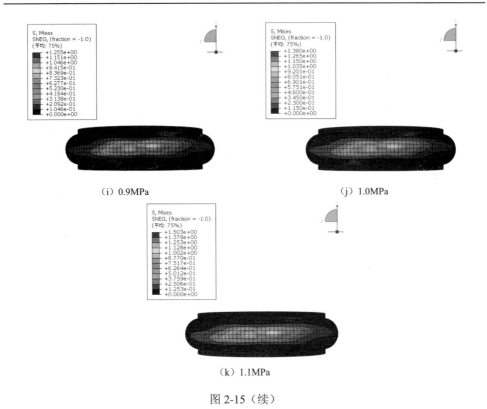

（i）0.9MPa　　　　　　　　　　　　　　　　（j）1.0MPa

（k）1.1MPa

图 2-15（续）

由图 2-14 可知，试验结果和数值模拟结果相符，空气弹簧竖向承载力随气压增大而线性增大，空气弹簧在标准工作高度为 125mm，标准气压为 1.1MPa 时的竖向承载力为 140kN。充气完毕后，空气弹簧在标准工作高度、内压 1.1MPa 时橡胶气囊的最大应力为 1.53MPa。

2.3.3　空气弹簧静态弹簧特性试验

试验时首先连接好充气管路，将空气弹簧置于上下液压缸之间，调整上下液压缸距离为空气弹簧标准高度 125mm 后，固定上下液压缸位置。对空气弹簧缓慢充气，当空气弹簧总压力达到 1.1MPa 时停止充气，断开气源。控制上液压缸运动，使其上升到许用最大伸张状态−20mm，下降到许用最大压缩状态 20mm（图 2-16）。按 10mm/min 的速率对空气弹簧施加竖向位移荷载，加载过程控制为 0mm→（+20mm）→（−20mm）→（+20mm）→（−20mm）→（+20mm）→（−20mm）→0mm。

全程竖向位移控制，连续记录压缩过程的荷载和位移。试验过程中空气弹簧的竖向承载力-位移曲线如图 2-17 所示。空气弹簧极限状态应力云图如图 2-18 所示。

（a）最大压缩状态+20mm　　　　　　　（b）最大拉伸状态−20mm

图 2-16　空气弹簧加载过程

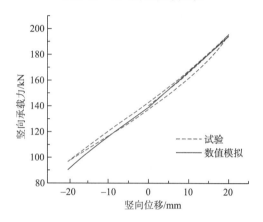

图 2-17　空气弹簧的竖向承载力-位移曲线

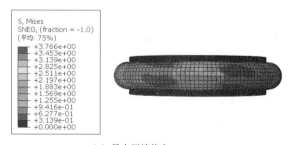

（a）最大压缩状态+20mm

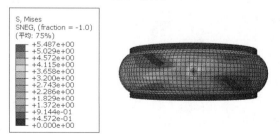

（b）最大拉伸状态−20mm

图 2-18　空气弹簧极限状态应力云图（单位：MPa）

由图 2-17 可知，在±20mm 的范围内，空气弹簧的竖向承载力-位移曲线基本呈线性。随着空气弹簧不断压缩，其竖向刚度先减小后增大，这与空气弹簧压缩过程中有效承压面积不断减小，但内压不断增大有关。当内压不变时，随着空气弹簧有效承压面积的减小，空气弹簧的竖向承载力减小；当空气弹簧有效承压面积不变时，随着内压的增大，空气弹簧的竖向承载力增大。同时还可以注意到，与有限元模拟结果不同，试验测得的空气弹簧竖向荷载-位移曲线存在少量滞回特性，这种现象与气体流经不锈钢充气延长杆耗散能量有关。

根据图 2-17，空气弹簧在标准工作高度 125mm 时对应的竖向承载力为 139kN，静态竖向刚度为 2850kN/m。在±20mm 的工作范围内，空气弹簧的气压波动范围为 0.85～1.2MPa，未超过空气弹簧的安全气压。根据有限元模拟结果，空气弹簧在最大压缩状态的囊体应力为 3.766MPa，在最大拉伸状态的囊体应力为 5.487MPa，应力峰值出现在橡胶气囊囊体以及法兰与橡胶囊体的连接处。囊体最大应力均小于《商用车空气悬架用空气弹簧技术规范》（GB/T 13061—2017）中规定的气囊内外层胶料的最低拉伸强度 20MPa。

2.3.4 三维隔震支座竖向动力试验

三维隔震支座组装时，首先安装摩擦摆部分，将摩擦摆内滑块置于不锈钢滑面中心位置后，将底端竖向隔震筒置于滑块上，随后将摩擦摆抗拔板通过螺栓与摩擦摆下支座板连接，其中聚四氟乙烯板内部储脂槽涂抹足量硅脂，水平隔震装置安装完毕。安装竖向隔震装置时，首先将空气弹簧置于底部竖向隔震筒内，其次连接充气和胎压监测装置，最后盖上空气弹簧顶部竖向隔震筒。为防止安装及运输过程中摩擦摆摇摆失稳，空气弹簧顶部竖向隔震筒和底部竖向隔震筒之间、空气弹簧底部竖向隔震筒和摩擦摆底座之间设有连接耳板。三维隔震支座装配情况如图 2-19 所示。

试验时首先连接充气管路，将三维隔震支座置于上下液压缸之间，调整空气弹簧总高度达到额定高度 185mm（空气弹簧底部竖向隔震筒底面至上液压缸底

（a）摩擦摆安装　　　　　　　　（b）空气弹簧安装

图 2-19　三维隔震支座装配情况

（c）充气延长杆、压力表和气阀安装　　　（d）支座整体安装

图 2-19（续）

面的距离为 240mm），固定上下液压缸位置。对空气弹簧缓慢充气，使压力达到
1.1MPa，断开气源，控制上液压缸运动，使三维隔震支座竖向上升到许用最大伸
张状态–20mm 并下降到许用最大压缩状态 20mm（图 2-20）。按 10mm/min 的速
率对三维隔震支座施加竖向位移荷载，加载过程控制为 0mm→（+20mm）→
（–20mm）→（+20mm）→（–20mm）→（+20mm）→（–20mm）→0mm。

（a）最大压缩状态+20mm　　　　　（b）最大拉伸状态–20mm

图 2-20　三维隔震支座竖向加载过程

　　全程竖向位移控制，连续记录压缩过程的荷载和位移，以上述试验过程中得
到的竖向承载力-位移曲线表示三维隔震支座的竖向动力特性（图 2-21），与 2.3.3
节对比，考察竖向隔震筒相互接触对竖向动力特性的影响。为减小竖向隔震筒相
互摩擦，空气弹簧竖向隔震筒各个接触面涂有硅脂，如图 2-22 所示。三维隔震支
座竖向加载应力云图如图 2-23 所示。

　　试验结果显示，三维隔震支座在空气弹簧标准高度时的承载力为140.6kN，竖
向刚度为 3000kN/m，略大于单体气囊的刚度。在空气弹簧竖向隔震筒接触面涂抹
硅脂，有效地减小了钢与钢相互接触对气囊竖向承载力和刚度的影响。由图 2-23
可见，三维隔震支座竖向加载过程中最大主应力出现在空气弹簧底部竖向隔震筒
底部圆弧凹面，为 34.61MPa，远小于 Q355 钢的屈服极限。

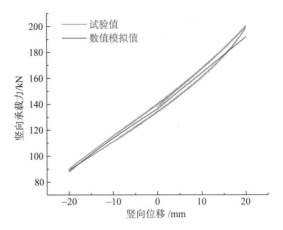

图 2-21 三维隔震支座竖向承载力-位移曲线

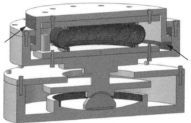

图 2-22 硅脂涂抹位置

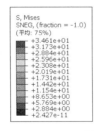
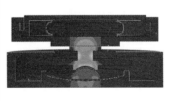

（a）最大压缩状态+20mm

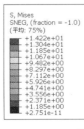

（b）最大拉伸状态-20mm

图 2-23 三维隔震支座竖向加载应力云图（单位：MPa）

2.3.5　三维隔震支座竖向恒载水平滞回性能试验

三维隔震支座竖向恒载水平滞回性能试验主要分析支座水平摩擦系数、滞回性能随竖向荷载、加载频率的相关性。试验时，三维隔震支座竖向分别均匀加载至 120kN、140kN 和 160kN，并在整个试验过程中保持不变。水平位移按正弦波进行加载，加载频率分别为 0.01Hz、0.05Hz 和 0.10Hz。每个工况做 3 个周期循环试验，测定水平力并记录水平力-水平位移曲线。

1. 不同竖向压力下支座的水平滞回性能

由图 2-24 可见，支座在不同竖向压力下的水平滞回曲线变化较大，随着竖向压力的增大，相同加载频率和水平位移下支座的水平力增大，滞回耗能能力增大，支座水平刚度也随竖向力的增大而增大，且如果竖向力成倍数增长关系，滞回曲线的斜率也近似成相同的倍数增长关系。

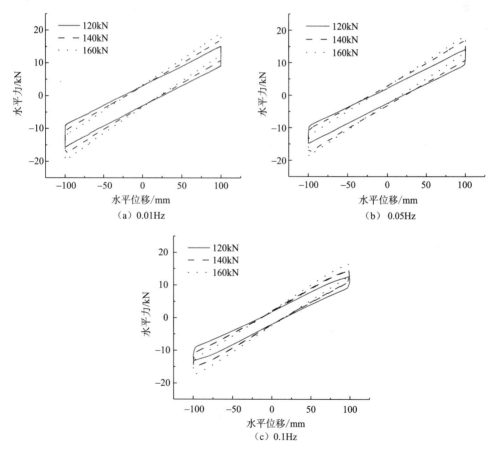

图 2-24　不同竖向压力下支座的水平滞回曲线

由表 2-1 可见，在不同的竖向荷载和加载频率下，摩擦摆水平隔震装置刚度和水平力等特征参数的理论值、数值模拟值和试验值均非常接近。在相同的加载频率下，试验值和理论值的误差与竖向荷载无关。

表 2-1　不同竖向压力和加载频率下摩擦摆特征参数

竖向荷载/kN	特征参数	理论值	数值模拟值	试验值（误差）		
				加载频率 0.01Hz	加载频率 0.05Hz	加载频率 0.10Hz
120	屈服后刚度/（kN/m）	120	120	116.5 (2.92%)	117.5 (2.15%)	123.4 (2.89%)
	最大水平力/kN	14.4	14.4	15.1 (4.86%)	14.0 (2.65%)	12.5 (13.57%)
140	屈服后刚度/（kN/m）	140	140	136.8 (2.29%)	137.2 (2.05%)	141.6 (1.17%)
	最大水平力/kN	16.8	16.8	16.9 (0.60%)	16.9 (0.59%)	14.5 (13.61%)
160	屈服后刚度/（kN/m）	160	160	154.2 (3.63%)	155.3 (3.05%)	156.7 (2.12%)
	最大水平力/kN	19.2	19.2	19.0 (1.04%)	18.2 (5.26%)	16.5 (14.84%)

为了分析竖向荷载对摩擦系数的影响，将相同加载频率、不同竖向荷载下各工况的摩擦系数用折线表示，如图 2-25 所示。

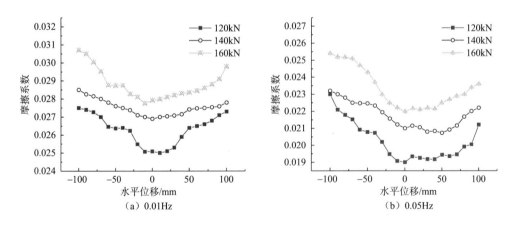

图 2-25　相同加载频率、不同竖向压力下的摩擦系数

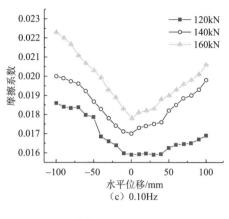

(c) 0.10Hz

图 2-25（续）

由图 2-25 可见，支座在滑动过程中摩擦系数存在差异，变化范围在 0.016～0.031。摩擦摆内滑块在滑面最低点，即水平位移为 0 时摩擦系数最小；随着水平位移增大，摩擦系数呈增大趋势。在相同加载频率下，支座的摩擦系数随竖向压力的增大而增大，但整体变化不大。

2. 不同加载频率下支座的水平滞回性能

由图 2-26 可见，相同竖向压力、不同加载频率下支座的滞回曲线稳定饱满，基本一致，表现出良好的滞回耗能能力。根据前文的试验结果，摩擦摆的平均水平摩擦系数约 0.020，故本节的理论值和试验值均按摩擦系数 0.020 进行计算。图 2-26 显示，理论值、数值模拟值、试验值三者吻合良好，验证了理论模型的正确性和模拟结果的准确性。由表 2-1 可见，相同的竖向压力，随着加载频率的增大，支座的屈服后刚度逐渐增大，支座最大水平力逐渐减小，试验值与理论值的误差逐渐增大。

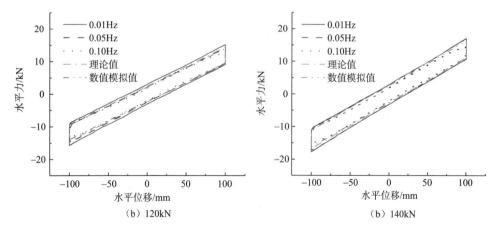

(b) 120kN　　　　　　　　　　　(b) 140kN

图 2-26　不同加载频率下支座水平滞回曲线

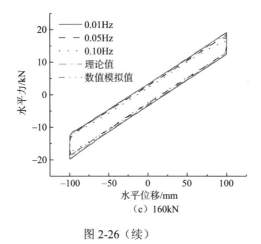

(c) 160kN

图 2-26（续）

为了分析加载频率对摩擦系数的影响，相同竖向压力、不同加载频率下的摩擦系数如图 2-27 所示。

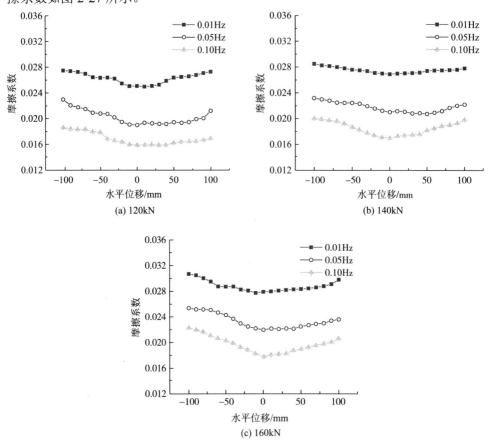

(a) 120kN　　　　　　　　　　　　　　　　(b) 140kN

(c) 160kN

图 2-27　相同竖向压力、不同加载频率下的摩擦系数

由图 2-27 可知，滑块在滑槽最低点，即水平位移为 0 时摩擦系数最小；随着水平位移增大，摩擦系数呈增大趋势。在相同竖向压力作用下，随着加载频率的增大，摩擦系数整体呈减小趋势。相对于竖向压力，加载频率对摩擦系数的影响更显著。

3. 三维隔震支座力学性能模拟结果分析

对三维隔震支座开展有限元分析，探究三维隔震支座各构件的受力特性。如图 2-28 所示，对三维隔震支座施加 100mm 的水平位移荷载时，竖向压力分别为 120kN、140kN 和 160kN 时支座的最大应力分别为 49.12MPa、51.87MPa 和 55.39MPa，均位于顶部竖向隔震筒凸缘和底部竖向隔震筒颈缩部位。

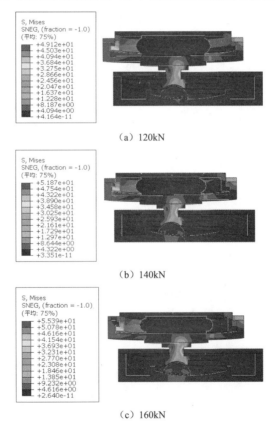

(a) 120kN

(b) 140kN

(c) 160kN

图 2-28　水平位移 100mm 时支座应力云图（单位：MPa）

如图 2-29 和图 2-30 所示，对三维隔震支座施加 100mm 的水平位移荷载时，竖向压力分别为 120kN、140kN 和 160kN 时，顶部聚四氟乙烯板的最大应力分别为 12.0MPa、14.0MPa 和 15.9MPa，最大应力出现在聚四氟乙烯板与摩擦摆内滑块凸面接触部位；底部聚四氟乙烯板的最大应力分别为 6.59MPa、7.43MPa 和 8.24MPa，最大应力出现在聚四氟乙烯板侧边与摩擦摆内滑块凹槽接触部位，均小于《桥梁支座用高分子材料滑板》（JT/T 901—2014）中规定的聚四氟乙烯板的许用拉伸强度 30MPa。

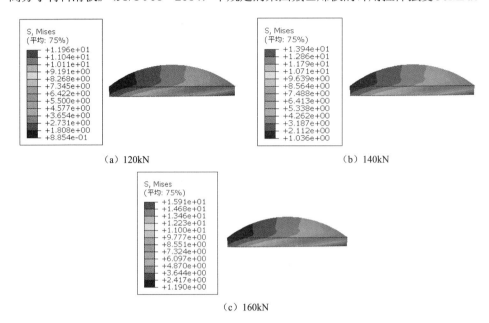

图 2-29　水平位移 100mm 时顶部聚四氟乙烯板应力云图（单位：MPa）

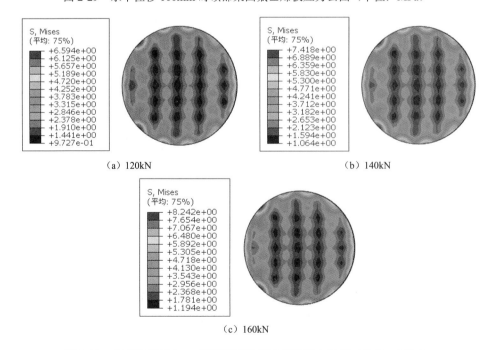

图 2-30　水平位移 100mm 时底部聚四氟乙烯板应力云图（单位：MPa）

2.3.6 三维隔震支座竖向恒载反复加载次数相关性试验

试验荷载取 140kN，加载幅值取极限位移的 1/3（约 33.3mm），加载频率分别为 0.01Hz、0.05Hz 和 0.10Hz，做 20 次周期循环试验。如图 2-31 所示，空气弹簧在不同的加载频率下滞回曲线稳定、饱满，摩擦系数无明显变化。

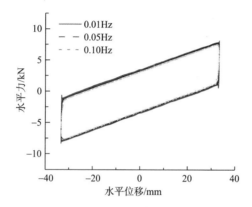

图 2-31　三维隔震支座水平力-水平位移曲线

2.4　空气弹簧-摩擦摆三维隔震支座设计方法

2.4.1　水平隔震装置刚度设计方法

设计水平隔震装置的刚度时既要考虑隔震效果，又要兼顾隔震支座的位移。水平隔震装置的等效周期与目标水平隔震周期有关。隔震结构的水平自振周期为

$$T_e = 2\pi \sqrt{\frac{m}{gK_{eff}}} \qquad (2\text{-}46)$$

式中，T_e 为目标水平隔震周期；m 为上部结构的质量；K_{eff} 为水平隔震装置的等效刚度。

在设计水平隔震装置的刚度时，应首先确定目标水平隔震周期，然后根据式（2-46）确定水平隔震装置的等效刚度。随着目标水平隔震周期的延长，水平隔震装置的等效刚度降低，在相同的地震动强度下会产生更大的位移反应。在完成系统初步设计后，应将其应用于目标结构，通过动力时程分析模拟其隔震效果，以确保在可能遭遇的地震强度下，支座的最大位移反应小于支座的设计极限位移，并依据计算结果对支座水平隔震装置的参数进行调整，以期实现预定的隔震目标。

2.4.2　竖向隔震装置刚度设计方法

　　由于结构的地震响应源于外部激励输入，要将隔震结构的自振频率与地震动输入激励的卓越频率错开。对于隔震结构，其隔震层上部结构的水平刚度相对于隔震装置来说是很大的，在地震作用下上部结构的层间位移很小，基本上做整体刚体平动，整个结构的位移集中在隔震层。结构的地震反应以第一阶振型为主，在不考虑上部结构扭转和摆动的作用时，可将上部结构简化为一个质点分析，其中隔震层的刚度和阻尼可近似代表整个结构的刚度和阻尼。计算假定如下。

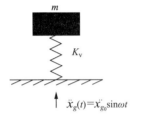

图 2-32　竖向隔震装置理论模型

　　1）隔震支座的水平和竖向刚度不耦合。

　　2）支座的竖向刚度由竖向恒荷载确定，同时考虑支座在竖向恒荷载和动荷载时的承载力和变形。

　　3）在初步设计过程中，将隔震结构简化为一个单自由度体系，将上部承受的竖向荷载简化为质量块。

图 2-32 为竖向隔震装置理论模型。

　　在该模型中，$\ddot{x}_g(t)$ 为输入竖向隔震装置中的简谐激励，等于 $\ddot{x}_{g_0} \sin \omega t$；$\ddot{x}_{g_0}$ 为简谐激励的峰值加速度；K_v 为竖向隔震装置的刚度。

　　竖向隔震装置的加速度响应为

$$\ddot{x}_s(t) = \frac{\ddot{x}_{g_0} \sqrt{1 + (2\zeta\beta)^2} \sin \omega t}{\sqrt{(1 - \beta^2) + (2\zeta\beta)^2}} \tag{2-47}$$

$$\beta = \frac{\omega}{\omega_n} \tag{2-48}$$

式中，$\ddot{x}_s(t)$ 为竖向隔震装置的加速度响应；ζ 为支座的阻尼比；β 为频率比，即输入激励的圆频率 ω 与竖向隔震装置的自振频率 ω_n 之比。

　　定义传递比 TR 为竖向隔震装置的峰值加速度响应与输入激励的峰值加速度之比，即

$$\mathrm{TR} = \frac{\ddot{x}_{smax}}{\ddot{x}_{g_0}} = \sqrt{\frac{1 + (2\zeta\beta)^2}{(1 - \beta^2)^2 + (2\zeta\beta)^2}} \tag{2-49}$$

式中，$\ddot{x}_{smax}$ 为竖向隔震装置的峰值加速度响应。

　　由式（2-49）可知：

　　1）当 $\beta = \sqrt{2}$ 时，TR=1，此时结构的加速度反应没有变化。

　　2）当 $\beta < \sqrt{2}$ 时，TR<1，此时结构的加速度反应被衰减，为隔震结构体系。ω/ω_n 越大，TR 越小，说明结构的隔震性能越好。

3）当 $\beta > \sqrt{2}$ 时，TR>1，此时结构的加速度反应被放大。

4）当 β 接近于 1 时，结构将发生共振反应。

传递比与隔震支座的阻尼比 ζ 和激振的频率比 β 有关，$\beta < \sqrt{2}$ 为隔震装置必须满足的基本条件。当输入激励一定时，理论上可以根据激励的传递比来确定支座的刚度。当支座的阻尼比较小时，传递比 TR 与频率比 β 的关系可简化为

$$\beta^2 = \frac{1}{TR} + 1 \tag{2-50}$$

输入激励的圆频率 ω 与频率 f 之间的关系为

$$f = \frac{\omega}{2\pi} \tag{2-51}$$

将式（2-48）代入式（2-51），得

$$f = \frac{\beta\omega_n}{2\pi} \tag{2-52}$$

对于单自由度体系

$$K_v = \frac{mg}{\Delta_{st}} \tag{2-53}$$

$$\omega_n = \sqrt{\frac{K_v}{m}} \tag{2-54}$$

式中，Δ_{st} 为竖向恒载下的竖向静位移。

将式（2-53）和式（2-54）代入式（2-52），得

$$f = \frac{\beta}{2\pi}\sqrt{\frac{g}{\Delta_{st}}} \tag{2-55}$$

将式（2-50）代入式（2-55），得

$$\Delta_{st} = \frac{g\left(1 + \dfrac{1}{TR}\right)}{4\pi^2 f^2} \tag{2-56}$$

将式（2-53）代入式（2-56），得

$$K_v = \frac{4\pi^2 f^2 m}{\left(1 + \dfrac{1}{TR}\right)} \tag{2-57}$$

根据式（2-57），当给定输入激励时，理论上可以根据传递比 TR 确定隔震支座的竖向刚度。由图 2-33 可见，当激励频率 f 一定时，支座竖向位移随传递比 TR 的减小而增大；当传递比 TR 一定时，支座竖向静位移 Δ_{st} 随激励频率 f 的减小而增大。

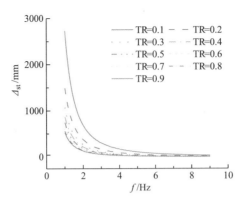

图 2-33　竖向静位移 Δ_{st} 与激励频率 f 的关系

2.5　长周期地震动下三维隔震网壳结构性能研究

2.5.1　单层球面网壳分析模型

某肋环斜杆型大跨度单层球面网壳跨度为 142.2m，矢跨比为 0.1。屋面荷载为 1.3kN/m^2，转化为质量单元 Mass21 并施加到相应的节点，落地处支座设为铰接。钢材型号为 Q345C。钢材的本构关系为理想的弹塑性模型，屈服强度为 345MPa。在本模型中，大跨度单层球面网壳结构模型的肋环相交节点采用刚接节点，斜杆与肋环杆件的节点采用铰接节点，故径向杆和环向杆采用 ANSYS 中的 Beam188 单元模拟，腹杆采用 Link8 单元模拟，模型如图 2-34 所示，支座布置位置如图 2-35 所示。

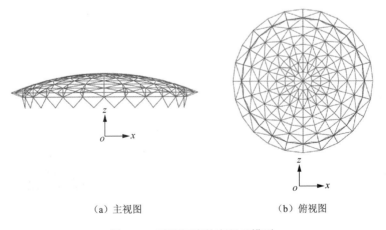

（a）主视图　　　　　　　　（b）俯视图

图 2-34　球面网壳的有限元模型

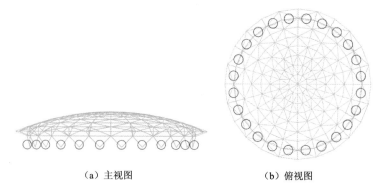

　　　（a）主视图　　　　　　　　　　　　　（b）俯视图

图 2-35　铰支座和三维隔震支座布置位置

　　隔震结构可简化为一个单自由度体系，施加到网壳的荷载可简化为质量块。三维隔震支座可简化为水平隔震装置和竖向隔震装置的组合，由于隔震支座的刚度直接决定了隔震结构的振动特性，进一步影响着隔震效果，在对三维隔震支座进行设计时应先确定水平和竖向隔震装置的刚度。如图 2-36 所示，三维隔震支座可以用具有不同刚度特性的弹簧单元进行模拟。在 ANSYS 中可以具有双线性特性的 Combin40 单元模拟水平隔震装置，以具有线性特性的 Combin14 单元模拟竖向隔震装置。

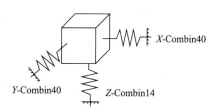

图 2-36　隔震结构的力学模型

　　如图 2-37 所示，Combin40 由相互平行的弹簧滑动器与阻尼器并联组合，并且和一个间隙控制器串联形成。质量可用一个或者两个节点连接。每个节点有一个自由度，该自由度可以是一个节点的横向位移、转角、压力或温度。质量、弹簧、阻尼器和间隙可以从单元中除去，该单元可以很好地模拟双线性模型曲线。

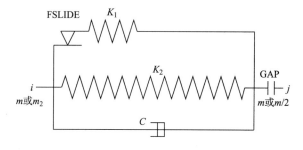

K_1、K_2—弹簧的刚度；C—阻尼系数；m—质量。

图 2-37　Combin40 单元

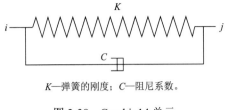

K—弹簧的刚度；C—阻尼系数。

图 2-38　Combin14 单元

由图 2-38 所示，Combin14 是最简单且没有质量的弹簧阻尼单元，具有一维、二维或三维的轴向或扭转性能，其轴向的弹簧阻尼器是一维的拉伸或压缩单元，每个节点具有 3 个平动自由度，不能考虑弯曲和扭转。

2.5.2　长周期地震动特性

近断层脉冲型地震动具有明显的速度脉冲并伴随有永久地面位移、显著的竖向地震动及上下盘效应等；远场长周期地震动具有长持时、低频成分丰富等特征，后期振动阶段产生多个循环脉冲，类似谐和振动。上述两种地震动均具有能量集中在较低频段、峰值速度（peak ground velocity，PGV）和峰值加速度（peak ground acceleration，PGA）之比较大、卓越周期较长等特征。具有较长周期的隔震结构对地震动长周期成分更敏感，尤其当长周期地震动卓越周期接近结构自振周期时最明显。其中，近断层脉冲型地震动引起的长周期结构类共振破坏主要是由近断层脉冲型地震动中含有的长周期脉冲引起的，远场长周期地震动主要是指长周期结构在长周期分量比较丰富的地震动作用下发生的类共振破坏。因此，有必要分别探究上述两种典型长周期地震动对三维隔震支座的隔震效果的影响。为了研究不同地震动的振动特性，选取普通地震动、近断层脉冲型地震动和远场长周期地震动各 5 条，探究其时频特性和反应谱特性，所选地震动基本特性见表 2-2 和图 2-39。

表 2-2　所选地震动基本特性

地震动类型	编号	台站	地震
普通地震动	1	El-Centro	Imperial Valley，USA，1940
	2	Kakogawa	Kobe，Japan，1995
	3	Northridge	Whittier Narrows，USA，1987
	4	Taft	Kern County，USA，1952
	5	Whittiber Narrows	Whittier Narrows，USA，1987
近断层脉冲型地震动	6	TCU049	Chi-Chi，Taiwan，P.R.China，1999
	7	TCU054	
	8	TCU067	
	9	TCU068	
	10	TCU120	
远场长周期地震动	11	ILA003	
	12	ILA004	
	13	ILA005	

续表

地震动类型	编号	台站	地震
远场长周期地震动	14	ILA056	Chi-Chi，Taiwan，P.R.China，1999
	15	TCU010	

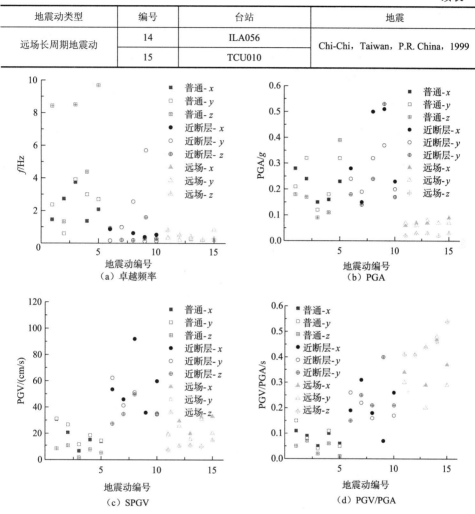

图 2-39　所选地震动基本特性

由图 2-39 可见，远场长周期地震动的卓越频率低于近断层脉冲型地震动，进一步低于普通地震动。对于近断层脉冲型地震动和远场长周期地震动，其卓越频率主要分布在 1Hz 以下，竖向卓越频率和水平卓越频率接近。对于普通地震动，其卓越频率显著大于上述两种长周期地震动，竖向卓越频率显著大于水平向卓越频率。近断层脉冲型地震动的显著特性主要体现在峰值和峰值比上，其 PGA 和 PGV 均显著大于其他两种地震动，峰值比 PGV/PGA 也显著大于普通地震动；远场长周期地震动的显著特性主要体现在峰值、峰值比和持时上，其峰值加速度 PGA 远小于其他两类地震动，峰值比显著大于普通地震动，而持时也明显长于其他两种地震动。研究表明，当 PGV/PGA≥0.2 时表示脉冲特性明显，PGV/PGA<0.2

时表示脉冲特性不明显[4]。近断层脉冲型地震动和远场长周期地震动均具有明显的低频脉冲特性，加速度敏感区较宽，而普通地震动不具有脉冲特性。

图 2-40～图 2-42 为 3 类地震动的加速度、速度和位移时程曲线。不同类型的地震动时程特性具有显著差异。其中，近断层脉冲型地震动加速度、速度和位移时程曲线形状简单，作用时间短，峰值加速度较大，具有明显的脉冲性；远场长周期地震动的加速度、速度和位移时程后期振动阶段存在多个循环的长周期脉冲，类似于谐和振动，且谐和振动的时间较长，可达几十秒，其类谐和振动阶段的加速度幅值小于地震动加速度时程的幅值，但类谐和振动阶段的速度和位移幅值决定这类地震动的速度和位移时程的幅值。普通地震动不具备上述特征。

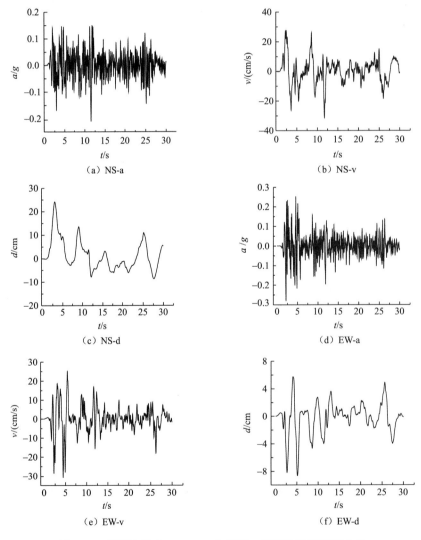

图 2-40　普通地震动 El-Centro 加速度、速度和位移时程曲线

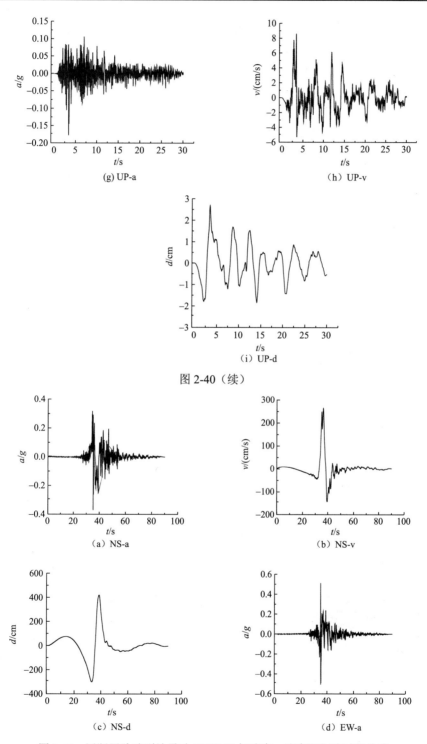

(g) UP-a

（h）UP-v

（i）UP-d

图 2-40（续）

（a）NS-a

（b）NS-v

（c）NS-d

（d）EW-a

图 2-41　近断层脉冲型地震动 TCU068 加速度、速度和位移时程曲线

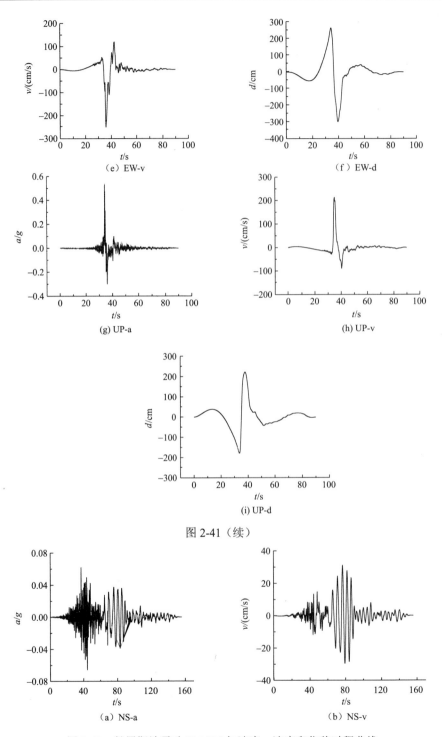

（e）EW-v

（f）EW-d

(g) UP-a

(h) UP-v

(i) UP-d

图 2-41（续）

（a）NS-a

（b）NS-v

图 2-42　长周期地震动 ILA056 加速度、速度和位移时程曲线

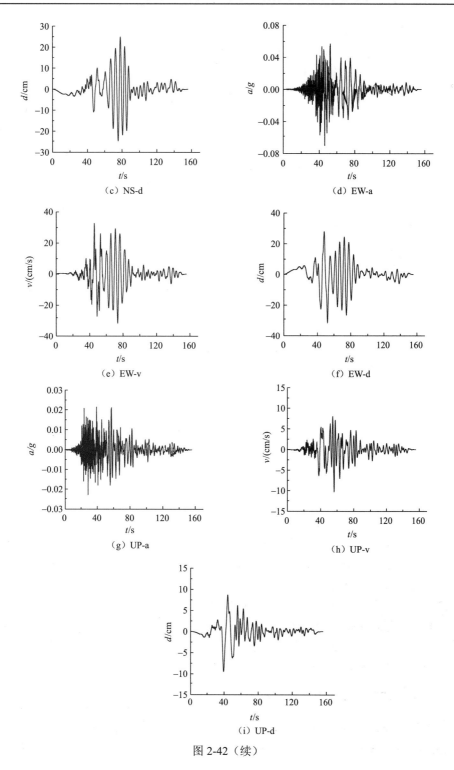

图 2-42（续）

为了解普通地震动和长周期地震动的反应谱特性差异，并从单自由度体系的角度初步对比分析普通地震动和不同类型长周期地震动在相同 PGA 下的结构反应，分别计算 15 条地震动在相同 PGA 下的加速度反应谱、速度反应谱、位移反应谱，并进行平均化处理，如图 2-43 所示。在计算弹性反应谱时将 PGA 调整至 0.4g。

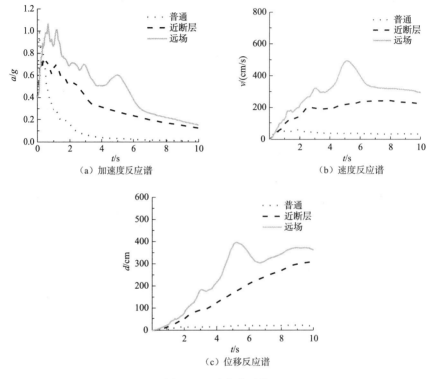

（a）加速度反应谱　　　　　　（b）速度反应谱

（c）位移反应谱

图 2-43　反应谱对比

由图 2-43 可见，两类长周期地震动在中长周期段的各个反应谱值均大于普通地震动，且速度反应和位移反应与普通地震动的差异明显大于加速度反应，与前述长周期地震动低频分量集中的特性相符。相同 PGA，远场长周期地震动各反应谱值均大于近断层脉冲型地震动，且衰减更为缓慢。这是由于远场长周期地震动的持时远长于近断层脉冲型地震动，PGA 相同时，输入能量较大引起的。在 4～6s 的长周期段，远场长周期地震动的反应谱具有典型的"双峰"特征，与普通地震动和近断层脉冲型地震动差异显著，两类长周期地震动的各反应谱差值最大，大于 6s 后各反应谱差值迅速减小。

2.5.3　长周期地震动作用下三维隔震网壳地震响应分析

选取普通地震动、近断层脉冲型地震动和远场长周期地震动各 5 条，分别对隔震结构和非隔震结构开展动力时程分析。时程分析的 PGA 分别按 0.07g 和 0.4g

进行调整，3 个方向的地震动峰值调整后按比例系数 1∶0.85∶0.65 输入。

1. 自振特性

采用子空间迭代法分别对隔震结构和非隔震结构开展模态分析。如图 2-44 所示，非隔震结构的前 6 阶振型均为水平和竖向振型的耦合。如图 2-45 所示，隔震结构的振型较为规则，前 2 阶振型为水平振型，整体结构随支座发生刚体平动；第 3 阶和第 4 阶为水平和竖向振型的耦合；第 5 阶为整体结构的竖向振型；第 6 阶为绕 z 轴的水平扭转振型。如图 2-46 所示，通过在非隔震结构中的每个边界节点柱底布置三维隔震支座，隔震结构的前 10 阶周期明显大于非隔震结构，前 2 阶周期影响显著，之后逐渐趋于接近，第 1 阶自振周期由原来的 0.771s 延长为 1.045s，隔震前后结构的自振特性发生了明显变化。

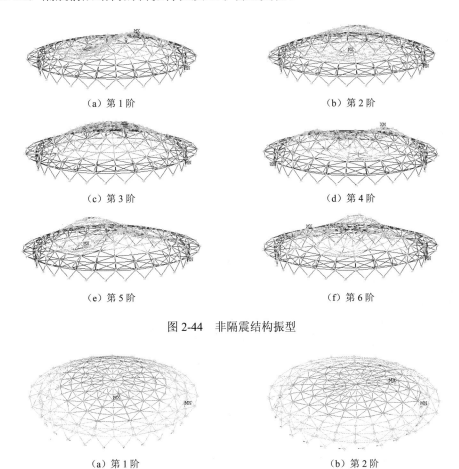

（a）第 1 阶　　　　　　　　　　　　　　（b）第 2 阶

（c）第 3 阶　　　　　　　　　　　　　　（d）第 4 阶

（e）第 5 阶　　　　　　　　　　　　　　（f）第 6 阶

图 2-44　非隔震结构振型

（a）第 1 阶　　　　　　　　　　　　　　（b）第 2 阶

图 2-45　隔震结构振型

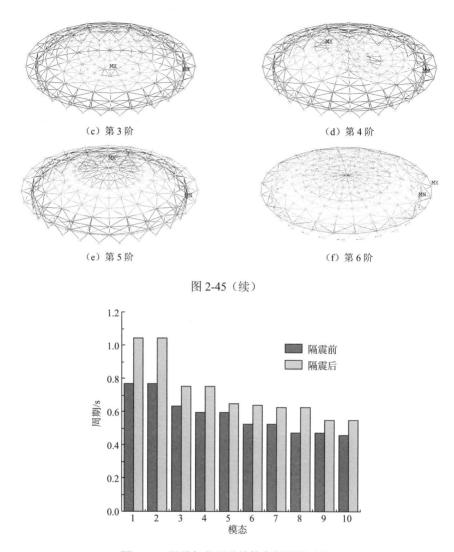

（c）第 3 阶　　　　　　　　　　　　（d）第 4 阶

（e）第 5 阶　　　　　　　　　　　　（f）第 6 阶

图 2-45（续）

图 2-46　隔震与非隔震结构自振周期对比

2. 节点峰值加速度

选取节点峰值加速度和杆件峰值等效应力来评估振动控制效果，以隔震率 β 对隔震效果进行量化评估，选取结构响应峰值的隔震率来评估支座的隔震性能。β 越大，隔震后降低的幅值越大，隔震效果越好；β 越小，隔震后降低的幅值越小，隔震效果越差，即

$$\beta = \frac{r_0 - r}{r_0} \tag{2-58}$$

式中，r_0 为非隔震结构的节点峰值加速度或杆件轴力；r 为隔震结构的节点峰值加速度或杆件轴力。

　　节点位置如图 2-47 所示。由图 2-48～图 2-53 可见，非隔震结构节点峰值加速度离散性较大，隔震结构节点峰值加速度趋于均匀分布。越靠近网壳中心，节点峰值加速度的隔震率越大。出现放大现象的节点位于第 2 环，即 V 形柱顶端杆件。在普通地震动和近断层脉冲型地震动作用下，三维隔震支座可有效降低三向节点峰值加速度；但在远场长周期地震动作用下，当 PGA 等于 $0.4g$ 时，y 向节点峰值加速度的隔震效果显著降低。

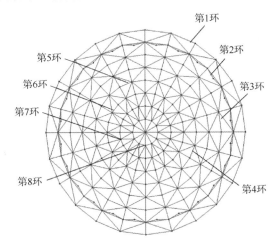

图 2-47　节点位置

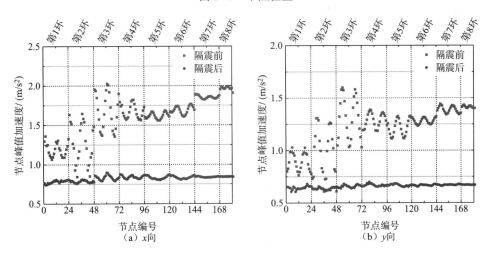

图 2-48　普通地震动下平均节点峰值加速度（PGA=$0.07g$）

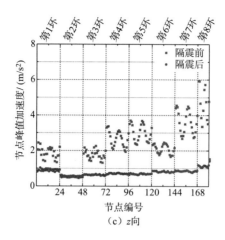

（c）z向

图 2-48（续）

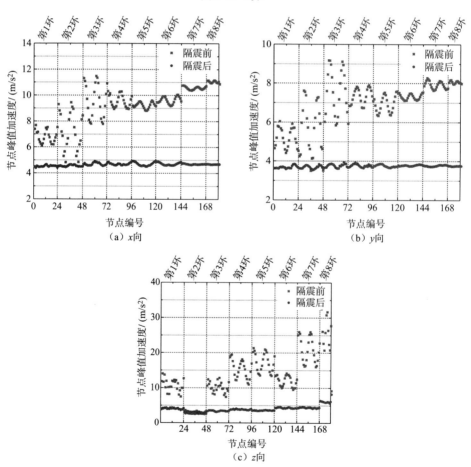

（a）x向

（b）y向

（c）z向

图 2-49　普通地震动下平均节点峰值加速度（PGA=0.4g）

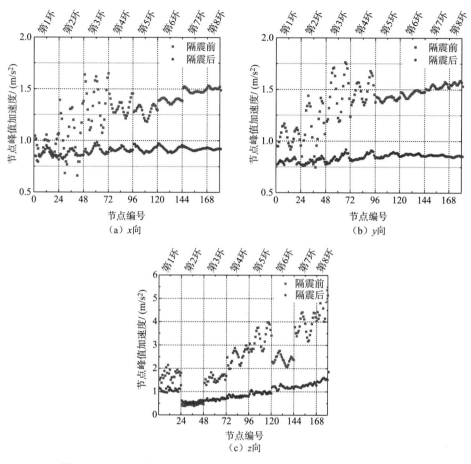

图 2-50　近断层脉冲型地震动下平均节点峰值加速度（PGA=0.07g）

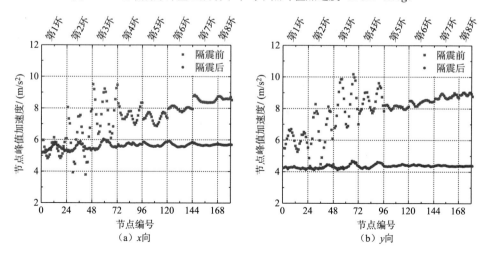

图 2-51　近断层脉冲型地震动下平均节点峰值加速度（PGA=0.4g）

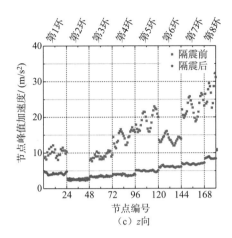

图 2-51（续）

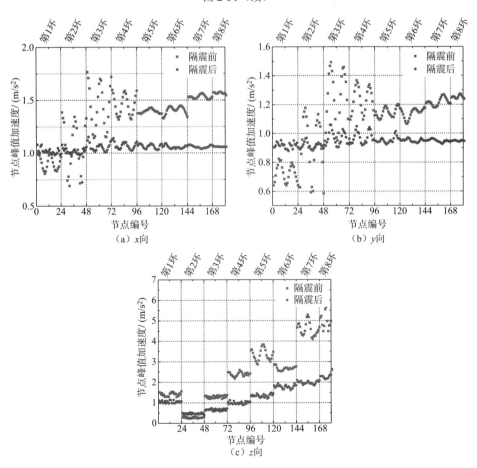

图 2-52　远场长周期地震动下平均节点峰值加速度（PGA=0.07g）

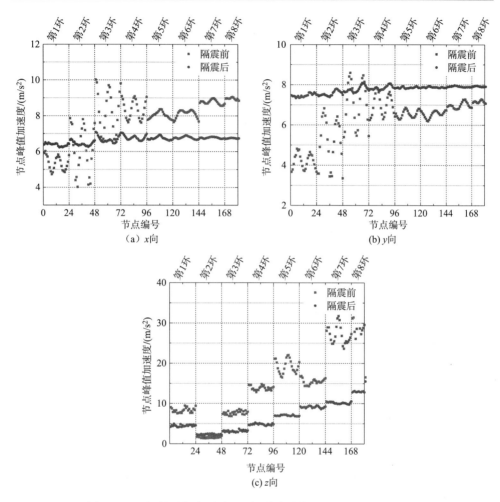

图 2-53　远场长周期地震动下平均节点峰值加速度（PGA=0.4g）

　　图 2-54～图 2-56 为所选地震动下节点峰值加速度的隔震率分布比例。普通地震动下，水平节点峰值加速度的隔震率主要分布在 40%～60%，竖向节点峰值加速度的隔震率主要分布在 60%～80%；在近断层脉冲型地震动作用下，水平节点峰值加速度的隔震率主要分布在 20%～60%，竖向节点峰值加速度的隔震率主要分布在 40%～80%；在远场长周期地震动作用下，水平节点峰值加速度的隔震率主要分布在 0～40%，竖向节点峰值加速度的隔震率主要分布在 0～60%。总地来说，对于节点峰值加速度，普通地震动下的隔震效果优于近断层脉冲型地震动，更优于远场长周期地震动。由图 2-43 可知，对于普通地震动和近断层脉冲型地震动，结构的加速度响应随自振周期的延长而减小；但对于远场长周期地震动，若隔震后结构的自振周期位于反应谱的双峰段，结构的加速度响应将会被放大，最终导致控制效果降低。

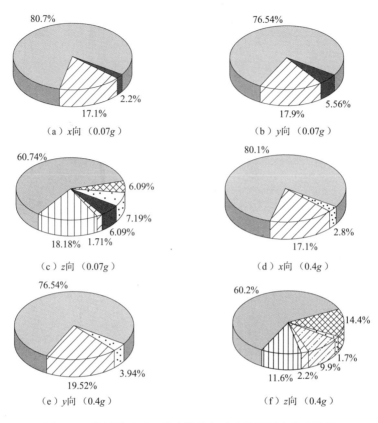

图 2-54　普通地震动下节点峰值加速度的隔震率分布比例

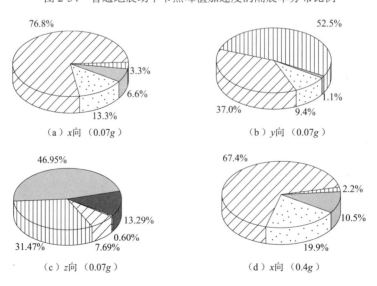

图 2-55　近断层脉冲型地震动下节点峰值加速度的隔震率分布比例

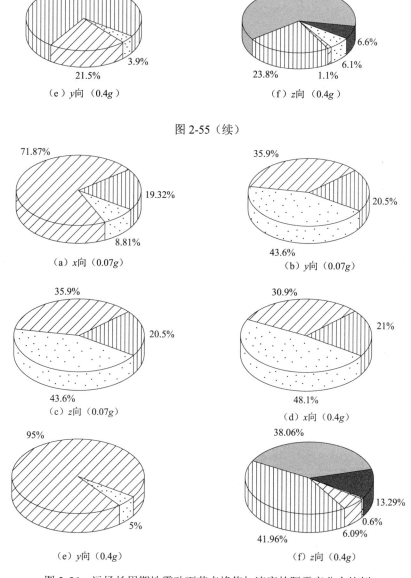

（e）y向（0.4g）   （f）z向（0.4g）

图 2-55（续）

（a）x向（0.07g）   （b）y向（0.07g）

（c）z向（0.07g）   （d）x向（0.4g）

（e）y向（0.4g）   （f）z向（0.4g）

图 2-56 远场长周期地震动下节点峰值加速度的隔震率分布比例

表 2-3 列出了所选地震动下节点峰值加速度的隔震率。对于普通地震动和近断层脉冲型地震动，隔震效果随地震动强度的增大而增大；但对于远场长周期地震动，隔震效果随地震动强度的增大而减小。对于具有双线性特性的 Combin40 单元，当地震动强度增大时，支座位移响应增大，结构等效刚度减小，自振周期延长。如果结构的振动周期位于反应谱的双峰阶段，结构的地震反应将增大，隔震效果将降低。

表 2-3　所选地震动下节点峰值加速度的隔震率

| 地震动 | | 隔震率/% | | | | | |
| | | 0.07g | | | 0.4g | | |
		x 向	y 向	z 向	x 向	y 向	z 向
普通地震动	El-Centro	37.2	43.0	59.5	34.5	44.4	65.6
	Kakogawa	47.7	35.4	55.8	36.1	33.5	63.6
	Northridge	43.5	38.9	61.9	47.0	40.5	63.0
	Taft	51.4	39.5	42.9	56.1	37.3	49.5
	Whittier Narrows	51.4	55.1	66.7	56.6	58.2	67.2
	Average	46.2	42.4	57.4	46.1	42.8	61.8
近断层脉冲型地震动	TCU049	30.9	25.1	43.2	46.4	35.4	56.1
	TCU054	44.3	30.0	50.8	44.0	35.1	58.5
	TCU067	20.4	55.1	52.7	6.5	63.9	59.3
	TCU068	24.9	9.7	46.7	18.5	7.3	60.4
	TCU120	−1.7	45.2	34.2	−38.0	50.5	38.6
	Average	23.8	33.0	45.5	15.5	38.4	54.6
远场长周期地震动	ILA003	35.9	29.5	43.0	38.5	8.7	54.0
	ILA004	3.8	−39.8	12.0	−4.1	−113.7	27.4
	ILA005	25.8	1.7	30.9	14.7	−30.9	41.1
	ILA056	−2.0	12.8	29.5	8.6	−69.2	39.8
	TCU010	21.6	30.1	31.8	−15.9	29.8	41.5
	Average	17.0	6.8	29.4	8.3	−35.1	40.8

3. 杆件等效应力

所选地震动下平均杆件等效应力如图 2-57～图 2-59 所示。由图 2-57～图 2-59 可见，大部分杆件的等效应力得到了有效控制。隔震后，杆件的等效应力趋于均匀分布。出现放大现象的杆件主要是第 1 环的环向杆和第 2 环的环向杆及径向杆。隔震前这部分杆件的等效应力最小，由于隔震后各个杆件的等效应力趋于均匀分布，放大现象集中于这部分杆件。

图 2-60～图 2-62 为所选地震动下杆件峰值等效应力的隔震率分布比例。当 PGA 为 0.07g 时，在不同的地震动作用下，隔震率主要分布在 0～20%，有不到 30% 的杆件出现应力放大现象。当 PGA 为 0.4g 时，在普通地震动和近断层脉冲型地震动作用下，隔震率主要分布在 20%～60%，出现应力放大现象的杆件不到

11%；而在远场长周期地震动作用下，有 34%的杆件出现了应力放大现象。结果表明，对于杆件等效应力，普通地震动下的隔震效果优于近断层脉冲型地震动，进一步优于远场长周期地震动。

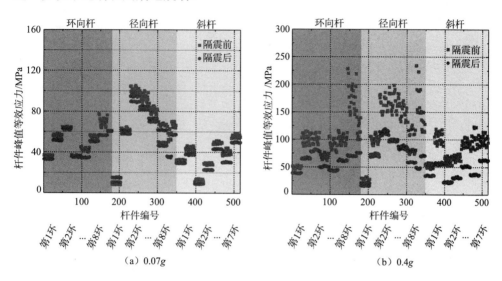

图 2-57　普通地震动下平均杆件等效应力

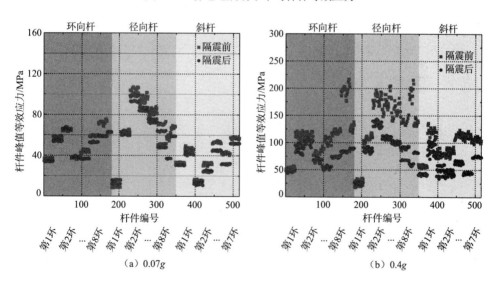

图 2-58　近断层脉冲型地震动下平均杆件等效应力

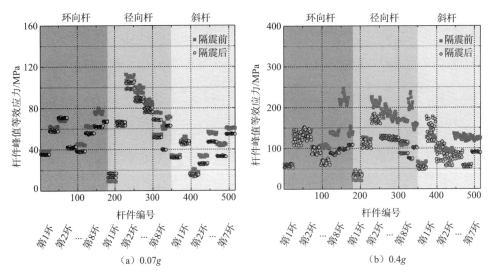

图 2-59　远场长周期地震动下平均杆件等效应力

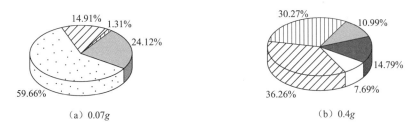

图 2-60　普通地震动下杆件峰值等效应力的隔震率分布比例

图 2-61　近断层脉冲型地震动下杆件峰值等效应力的隔震率分布比例

图 2-62　远场长周期地震动下杆件峰值等效应力的隔震率分布比例

表 2-4 列出了所选地震动下杆件峰值等效应力的隔震率。与节点峰值加速度类似，对于普通地震动和近断层脉冲型地震动，随着地震动强度的增大，杆件等效应力的隔震效果提高；对于远场长周期地震动，随着地震动强度的增大，杆件等效应力的隔震效果降低。这种现象也与远场长周期地震动反应谱的双峰特性有关。

表 2-4　所选地震动下杆件峰值等效应力的隔震率

地震动		隔震率/%	
		0.07g	0.4g
普通地震动	El-Centro	2.5	25.4
	Kakogawa	0.2	20.4
	Northridge	2.2	34.3
	Taft	2.9	29.7
	Whittier Narrows	4.5	39.7
	平均值	2.5	29.9
近断层脉冲型地震动	TCU049	−0.6	25.1
	TCU054	1.9	26.2
	TCU067	5.2	24.7
	TCU068	−9.2	−15.4
	TCU120	−6.2	−9.6
	平均值	−1.8	10.2
远场长周期地震动	ILA003	−0.6	6.6
	ILA004	−4.2	−22.4
	ILA005	−4.3	−1.5
	ILA056	−6.5	−37.5
	TCU010	−3.4	−8.4
	平均值	−3.8	−12.6

4. 隔震支座位移

以普通地震动 El-Centro、近断层脉冲型地震动 TCU068 和远场长周期地震动 ILA056 为例，给出三维隔震支座三向位移时程曲线，如图 2-63～图 2-65 所示。三维隔震支座三向位移时程曲线与地震激励的加速度时程曲线波形一致。在近断层脉冲型地震动作用下，三维隔震支座三向位移时程曲线具有显著的脉冲特性；在远场长周期地震动作用下，三维隔震支座三向位移时程曲线呈现类简谐振动的特性。尽管类谐和振动段的加速度相对较小，但共振效应仍导致隔震支座产生很大的位移反应。

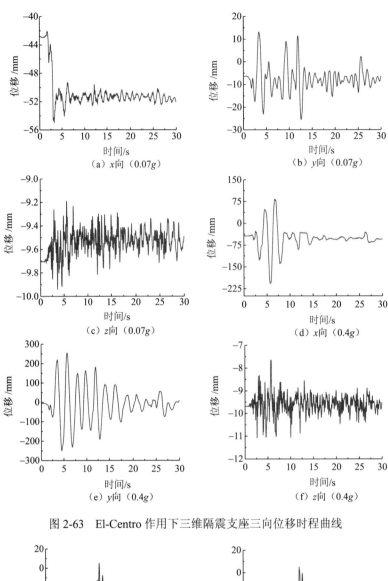

图 2-63　El-Centro 作用下三维隔震支座三向位移时程曲线

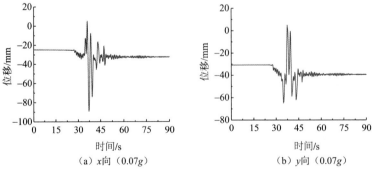

图 2-64　TCU068 作用下三维隔震支座三向位移时程曲线

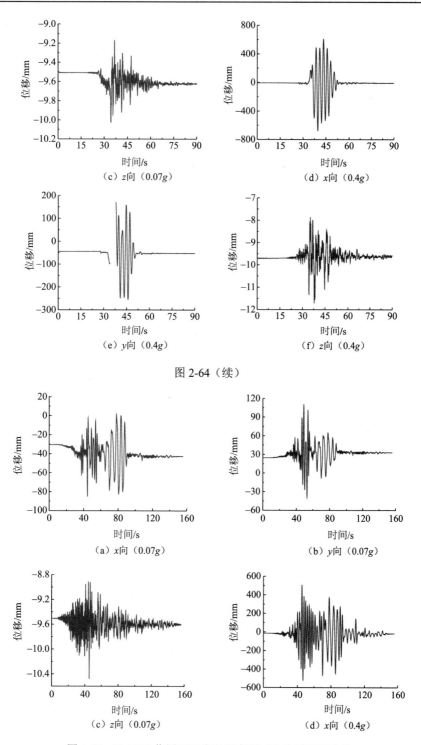

（c）z向（0.07g）

（d）x向（0.4g）

（e）y向（0.4g）

（f）z向（0.4g）

图 2-64（续）

（a）x向（0.07g）

（b）y向（0.07g）

（c）z向（0.07g）

（d）x向（0.4g）

图 2-65 ILA056 作用下三维隔震支座三向位移时程曲线

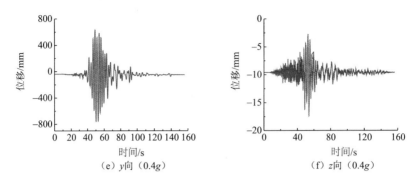

（e）y向（0.4g）　　　　　　　　　　（f）z向（0.4g）

图 2-65（续）

表 2-5 列出了所选地震动下支座的峰值位移。相同的 PGA，对于近断层脉冲型地震动，由于其长周期和脉冲特性，其水平位移和竖向位移分别是普通地震动的 1.5~1.9 倍和 1.0~1.1 倍；对于远场长周期地震动，由于其长周期和类谐和特性，其水平位移和竖向位移分别是普通地震动的 2~5 倍和 1.0~1.3 倍。总地来说，在远场长周期地震动下，支座的位移响应最大。

表 2-5　所选地震动下支座的峰值位移

地震动		峰值位移/mm					
		0.07g			0.4g		
		x 向	y 向	z 向	x 向	y 向	z 向
普通地震动	El-Centro	43.04	46.99	10.00	229.11	221.31	11.43
	Kakogawa	42.30	41.13	9.99	182.89	164.42	11.73
	Northridge	31.92	31.75	9.91	49.42	42.90	11.08
	Taft	42.46	38.96	10.08	130.28	113.58	12.04
	Whittier Narrows	31.92	31.75	9.91	49.42	42.90	11.08
	平均值	38.33	38.12	9.98	128.22	117.02	11.47
近断层脉冲型地震动	TCU049	42.67	48.15	10.12	144.77	171.57	11.94
	TCU054	58.00	54.41	10.16	252.18	268.06	12.43
	TCU067	54.61	54.47	10.26	388.12	216.86	13.13
	TCU068	66.90	72.45	10.09	348.15	528.47	12.58
	TCU120	71.72	49.74	10.23	539.52	209.52	13.43
	平均值	58.78	55.84	10.17	334.55	278.90	12.70
远场长周期地震动	ILA003	55.31	78.28	10.36	384.18	566.58	13.98
	ILA004	78.38	102.20	10.38	543.92	967.53	14.95
	ILA005	68.26	75.37	10.51	414.58	547.27	14.55
	ILA056	80.63	95.45	10.36	529.22	978.89	15.84
	TCU010	61.39	57.06	10.26	653.62	312.39	14.18
	平均值	68.79	81.67	10.37	505.10	674.53	14.70

5. 传递比 TR 对隔震效果的影响

随着传递比 TR 的增加，支座竖向刚度增大。假设水平隔震装置具有无穷大的竖向刚度，这里可以用 TR=1 代表水平隔震支座。以 El-Centro、TCU068 和 ILA056 为输入激励，分析不同地震动作用下 TR 对节点竖向峰值加速度和隔震支座竖向位移的影响。如图 2-66（a）所示，对于 El-Centro 和 TCU068，随着 TR 的增大，节点竖向峰值加速度隔震效果逐渐降低；对于 ILA056，随着 TR 的增大，节点竖向峰值加速度隔震效果逐渐增大。支座竖向位移随着 TR 的变化如图 2-66（b）所示，当 TR 在 0.2～0.9 时，隔震支座的竖向位移随 TR 的变化不大；当 TR 小于 0.2 时，隔震支座的竖向位移随 TR 的减小而迅速增大。

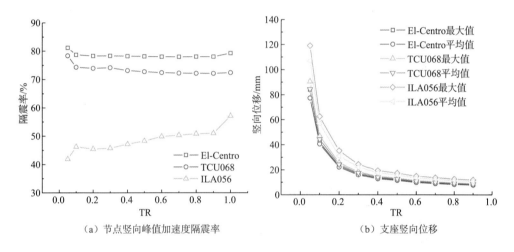

（a）节点竖向峰值加速度隔震率　　　　（b）支座竖向位移

图 2-66　传递比 TR 对隔震效果的影响（0.4g）

对于不具有反应谱双峰特性的普通地震动和近断层脉冲型地震动，随着支座刚度的降低，结构自振周期延长，地震响应降低，隔震效果提高。然而，对于具有反应谱双峰特性的远场长周期地震动，如果隔震后结构的自振周期处于双峰段，延长结构自振周期反而会增大结构的地震响应，最终导致隔震效果的降低。

当 TR 大于 0.5 时，支座的竖向刚度较大，改变支座刚度对振动控制效果的影响较小。另外，由于水平隔震支座也可有效延长结构自振周期，降低地震能量，因此水平隔震支座对节点竖向加速度也有显著的控制作用。从图 2-66（b）可以看出，当 TR 小于 0.2 时，支座的竖向位移显著增加。为了兼顾振动控制效果和支座位移反应，建议在进行三维隔震设计时，TR 的合理取值范围在 0.2～0.5。

本 章 小 结

本章提出一种新型空气弹簧-摩擦摆三维隔震支座，阐明其构造及工作原理，并对其力学性能进行理论分析和试验研究；提出三维隔震支座在大跨空间结构中的设计方法，将空气弹簧-摩擦摆三维隔震支座应用于大跨空间结构振动控制，在分析长周期地震动特性的基础上，对比不同地震动类型、不同地震动强度下该隔震支座对结构地震响应的影响。本章主要结论如下。

1）空气弹簧-摩擦摆三维隔震支座由空气弹簧竖向隔震装置和摩擦摆水平隔震装置串联而成，可同时隔离水平和竖向地震，且水平运动和竖向运动完全解耦。空气弹簧竖向刚度低，变形能力强，可有效隔离长周期低频地震动，摩擦摆支座具有转动功能、抗拔功能和水平自复位功能，且残余位移小。

2）建立空气弹簧竖向隔震装置和摩擦摆水平隔震装置的理论力学模型，并通过有限元分析和力学性能试验验证理论模型的正确性。试验结果显示，空气弹簧竖向刚度低，变形能力强；摩擦摆滞回性能稳定，耗能能力强。三维隔震支座变形协调，具有很高的可靠性和稳定性。

3）本章提出三维隔震支座刚度的简化理论设计方法。水平隔震装置的刚度可由目标水平振动周期和支座设计极限位移来确定，竖向隔震装置的刚度可以由激励的传递比 TR 和输入激励的卓越频率来确定。

4）在普通地震动和长周期地震动作用下，三维隔震技术均可有效降低网壳的节点峰值加速度和杆件等效应力。对于相同 PGA，普通地震动下的隔震效果优于近断层脉冲型地震动的，更优于远场长周期地震动的；普通地震动下的支座位移响应小于近断层脉冲型地震动的，更小于远场长周期地震动的。长周期地震动中丰富的低频分量与长周期隔震结构之间的类共振效应是隔震效果降低的原因。

5）对于普通地震动和近断层脉冲型地震动，随着传递比 TR 的减小，隔震效果提高；但对于远场长周期地震动，随着传递比 TR 的减小，隔震效果则降低。水平隔震支座对节点竖向峰值加速度也有一定的控制作用，进行三维隔震设计时，建议传递比 TR 取值在 0.2～0.5。

参 考 文 献

[1] 成小霞，李宝仁，杨钢，等. 囊式空气弹簧载荷建模与实验研究 [J]. 振动与冲击，2014，33（17）：80-84.

[2] ZAYAS V A, LOW S S, MAHIN S A. A simple pendulum technique for achieving seismic isolation [J]. Earthquake Spectra, 1990, 6（2）: 317-333.

[3] 陈家照，黄闽翔，王学仁，等. 几种典型的橡胶材料本构模型及其适用性 [J]. 材料导报，2015，29 (S1)：118-120.

[4] KOKETSU K，MIYAKE H. A seismological overview of long-period ground motion [J]. Journal of Seismology，2008，12 (2)：133-143.

第3章 抗拔型三维隔震新体系及隔震性能研究

3.1 抗拔型三维隔震支座的概念设计

碟簧-高阻尼橡胶三维复合隔震支座作为一种新型支座,在设计过程中考虑了空间结构的受力特点,如图 3-1 所示。试验研究表明,该支座水平及竖向均有良好的耗能能力[1]。然而,该支座设计存在以下不足。

1)大跨度空间结构支座在某些工况下存在上拔力,支座水平隔震装置高阻尼橡胶支座承压能力强而抗拉能力较差,近年来由于叠层橡胶支座被拉坏而导致上部结构损毁的现象时有发生,该三维复合隔震支座未解决支座竖向抗拔问题。

2)三维隔震组合支座上部是橡胶支座,竖向刚度大;下面是蝶簧,竖向刚度小,这样的组合在实际使用过程中支座整体稳定性较差。

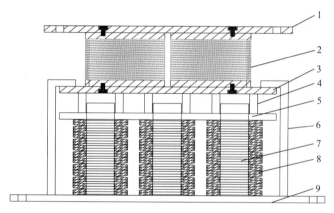

1—上连接板;2—高阻尼橡胶支座;3—中连接板;4—碟簧外部导向筒;
5—承压板;6—预压限位筒;7—碟簧内部导向杆;8—碟簧;9—下连接板。

图 3-1 碟簧-高阻尼橡胶三维复合隔震支座

针对上述问题,对原有三维隔震支座进行改进,作者研发了一种新的抗拔型三维隔震支座[2],如图 3-2 所示。支座水平隔震方面采用高阻尼橡胶支座,通过调整橡胶材料的配方可改变支座的水平等效阻尼比及等效刚度,利用黏滞阻尼耗散地震能量,延长上部结构自振周期,从而减少结构的水平地震响应。竖向隔震方面利用碟簧组并联,调节支座的竖向刚度,通过碟片间的摩擦阻尼耗散地震作用,减少竖向地震能量向上部结构的输入;同时,碟簧位移压缩量的不同可使支座具有一定的转动能力，通过构造设计可使支座具有一定的抗拔能力，确保支座在竖向拉力作用下不被拉坏。

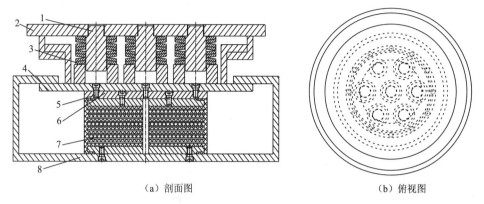

（a）剖面图　　　　　　　　　　　　（b）俯视图

1—碟簧内部导向杆；2—抗拔构件 1（上连接板）；3—碟簧；4—抗拔构件 2（中连接板）；
5—连接螺栓；6—连接板；7—支座本体；8—抗拔构件 3（下护筒）。

图 3-2　抗拔型三维隔震支座

3.2　抗拔型三维隔震支座的理论模型和力学性能

3.2.1　抗拔装置有限元分析

1. 模型简介

抗拔装置由 3 个主要部件组成，各部件构造如图 3-3 所示。抗拔装置的安装过程如下。

1）将构件 2 的下表面中心与橡胶支座的上连接板用螺栓进行连接。

2）将下护筒套入构件 2，使下护筒的上边缘与构件 2 的下翼缘咬合，将下护筒的下边缘与高阻尼橡胶支座的下连接板进行焊接。

3）将构件 1 分成两部分，与构件 2 上翼缘进行咬合并将构件 1 两部分进行焊接。

图 3-3（b）中所示的最不利点 B，抗拔装置受到竖向拉力过程中首先进入塑性变形，因此在确定抗拔装置竖向设计承载力后，应对最不利点进行校核。

参照文献［3］中提出的橡胶支座拉伸性能的"3G 评价准则"，对于本书所设计的三维隔震支座，水平隔震装置高阻尼橡胶支座橡胶层总厚度为 80mm，10%橡胶层总厚度即为 8mm。因此，抗拔装置与高阻尼橡胶支座相连处的竖向位移小于 8mm，便可保证橡胶支座不被拉坏。后续该装置的使用者可根据支座的设计拉力，对抗拔装置的厚度进行相应调整。

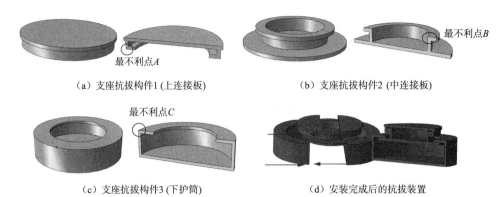

（a）支座抗拔构件1（上连接板）　　　　　　（b）支座抗拔构件2（中连接板）

（c）支座抗拔构件3（下护筒）　　　　　　（d）安装完成后的抗拔装置

图 3-3　抗拔装置各部件构造

利用 ABAQUS 有限元分析软件对抗拔装置分别进行轴心受拉、偏心受拉、轴心拉剪及偏心拉剪 4 种不同工况的有限元分析，着重观察 3 个最不利点的受力情况。在分析过程中不考虑高阻尼橡胶承担的抗拔力，即上部结构出现的拉力完全由抗拔装置承担。模型中，考虑支座抗拔部件之间的接触属性，网格单元采用线性缩减积分六面体单元 C3D8R，该类型单元非常适合实体单元间的接触分析；装置各构件均采用 Q345 钢材，抗拔装置所受竖向拉力为设计拉力 1000kN，以压强的方式施加在上护筒的上表面（面积为 465426.5mm^2），模拟装置所受上拔力；以表面荷载的方式在上护筒的上表面施加 0.15MPa 的荷载，模拟支座所受剪力；在抗拔构件 3 的底部外表面施加水平与转动方向的约束，限制整体模型的各方向的水平位移及转动。抗拔装置约束及荷载定义如图 3-4 所示。

（a）整体装置纯拉荷载定义　　　　　　（b）整体装置拉剪荷载定义

图 3-4　抗拔装置约束及荷载定义

2. 抗拔装置有限元模拟结果分析

4 种工况下模型应力云图及位移云图如图 3-5 所示。由图 3-5 可以看出，在 4 种工况下，装置的局部最大应力及 3 个最不利点处的应力均在 350MPa 以下，小于钢材的屈服强度。4 种工况中，抗拔装置的最大位移为 12.87mm，出现在轴心拉剪加载时抗拔构件 1 的上表面中心位置；抗拔构件 2 下翼缘与下部高阻尼橡胶支座相连处最大位移出现在轴心受拉工况下，为 7.36mm<8.00mm，可使高阻尼橡胶支座受拉剪作用下处于弹性范围内。无论在何种工况下，支座抗拔装置均能保证拥有足够的抗拉强度，可有效避免下部高阻尼橡胶支座受到拉力而产生破坏，

表明该抗拔装置抗拔性能良好，安全储备高。

（a）轴心受拉工况下的应力云图　　　　　　（b）轴心受拉工况下的位移云图

（c）偏心 80mm 受拉工况下的应力云图　　　　（d）偏心 80mm 受拉工况下的位移云图

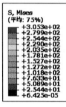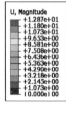

（e）轴心拉剪工况下的应力云图　　　　　　（f）轴心拉剪工况下的位移云图

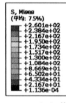

（g）偏心 80mm 拉剪工况下的应力云图　　　　（h）偏心 80mm 拉剪工况下的位移云图

图 3-5　模型应力云图（单位：MPa）及位移云图（单位：mm）

3.2.2　三维抗拔隔震支座水平隔震性能试验

为考察三维隔震支座在不同剪应变、不同加载频率时支座的水平隔震性能，选取纯高阻尼橡胶隔震支座，以及不同碟簧组合方式下的隔震支座试件 1-1、试件 1-2、试件 1-3、试件 2-1、试件 2-2、试件 3-1、试件 3-2 进行试验研究。图 3-6 为各试件构造及实物，试验试件命名如下。

系列 1 命名：试件 1-1（碟簧 2 片叠合 2 组对合）、试件 1-2（碟簧 2 片叠合 4 组对合）、试件 1-3（碟簧 2 片叠合 6 组对合）、试件 1-4（碟簧 2 片叠合 8 组对合）、试件 1-5（碟簧 2 片叠合 10 组对合）、试件 1-6（碟簧 2 片叠合 12 组对合）。

系列 2 命名：试件 2-1（碟簧 3 片叠合 2 组对合）、试件 2-2（碟簧 3 片叠合 4 组对合）、试件 2-3（碟簧 3 片叠合 6 组对合）、试件 2-4（碟簧 3 片叠合 8 组对合）。

系列 3 命名：试件 3-1（碟簧 4 片叠合 2 组对合）、试件 3-2（碟簧 4 片叠合 4 组对合）、试件 3-3（碟簧 4 片叠合 6 组对合）。

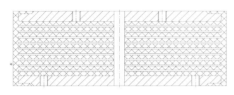

（a）纯高阻尼橡胶隔震支座

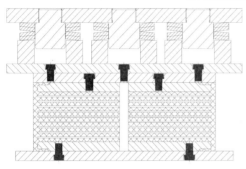

（b）试件 1-1

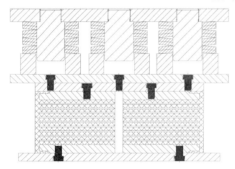

（c）试件 1-2

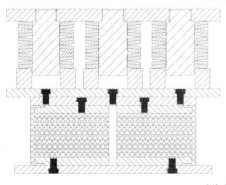

（d）试件 1-3

图 3-6　支座构造及实物

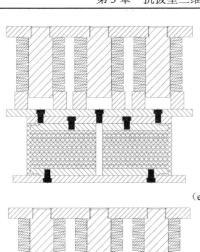

（e）试件 1-4

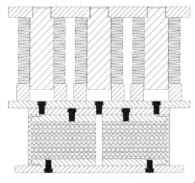

（f）试件 1-5

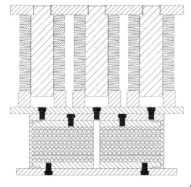

（g）试件 1-6

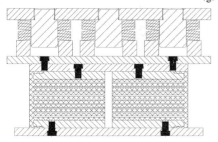

（h）试件 2-1

图 3-6（续）

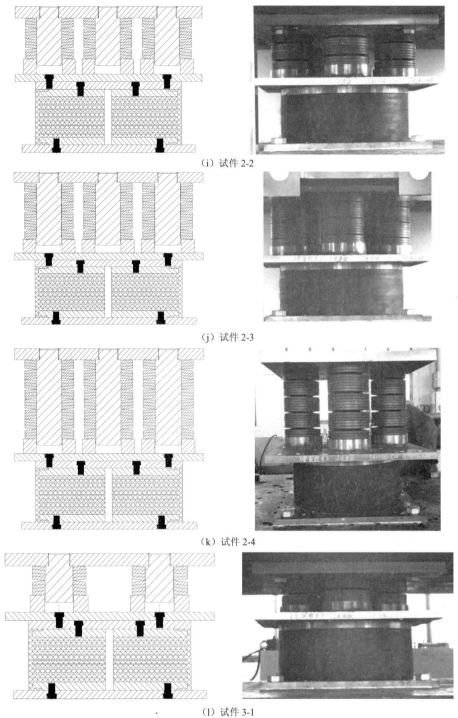

(i) 试件 2-2

(j) 试件 2-3

(k) 试件 2-4

(l) 试件 3-1

图 3-6（续）

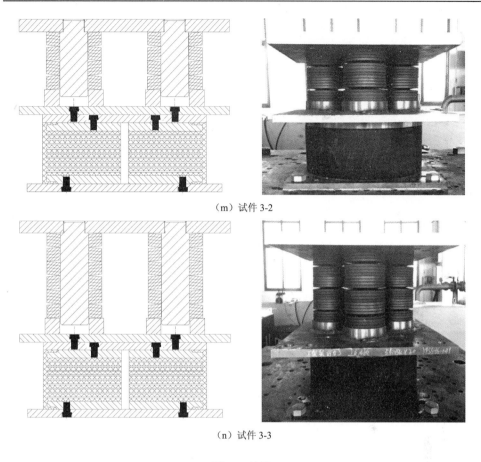

（m）试件 3-2

（n）试件 3-3

图 3-6（续）

1. 不同剪应变条件下支座的水平隔震性能

　　水平隔震性能与剪应变的关系试验主要研究不同水平变形特性对支座水平等效刚度及水平等效阻尼比的影响，参照《橡胶支座　第 1 部分：隔震橡胶支座试验方法》（GB/T 20688.1—2007）[4]相关规定，本试验剪应变取设计剪应变的 75%、100% 和 125%。试验加载工况为竖向压力 900kN，水平加载频率 0.05Hz，水平变形 60mm、80mm 和 100mm。

　　图 3-7 为支座在不同剪应变条件下的滞回曲线，滞回曲线呈现良好的双非线性，加载曲线上出现反弯点；反向加载过程中，刚开始曲线陡峭恢复变形很小，剪应变减小后曲线趋向平缓，恢复变形逐渐加快，出现恢复变形滞后现象。随着剪应变的增加，滞回曲线更加饱满，这表明三维隔震支座在大变形的情况下仍具有一定的耗能能力，其力学性能稳定。

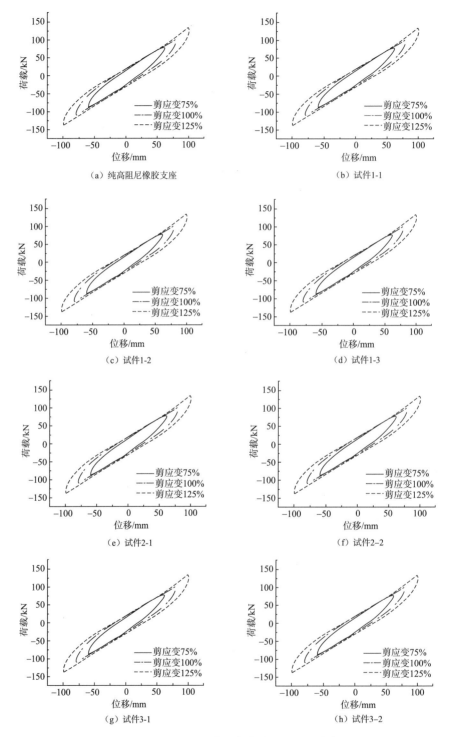

图 3-7　支座在不同剪应变条件下的滞回曲线

抗拔型三维隔震支座在不同剪应变条件下水平等效刚度和水平等效阻尼比的计算值如表 3-1 所示。图 3-8 所示为不同剪应变条件下各系列支座水平等效刚度和水平等效阻尼比的变化规律。可以看出，随着剪应变的增大，支座的水平等效刚度减小，这是因为随着支座剪应变的增大，支座核心受压区面积减小，支座中远离核心受压区的橡胶受约束程度变小；支座的水平等效阻尼比随着剪应变的增大而减小，这是因为由支座刚度引起的弹性应变能的增加比支座滞回曲线面积的增加幅度更快。

表 3-1　支座在不同剪应变条件下的水平等效刚度和水平等效阻尼比

试件编号	水平等效刚度/（kN/mm）			水平等效阻尼比/%		
	剪应变75%	剪应变100%	剪应变125%	剪应变75%	剪应变100%	剪应变125%
纯高阻尼	1.39	1.33	1.31	13.46	12.22	11.47
1-1	1.37	1.27	1.24	14.53	13.47	12.47
1-2	1.27	1.22	1.21	14.72	13.65	12.48
1-3	1.29	1.19	1.18	15.28	13.89	12.88
2-1	1.31	1.24	1.23	4.55	13.44	12.18
2-2	1.27	1.19	1.18	15.27	14.19	13.00
3-1	1.30	1.21	1.19	14.86	13.78	12.77
3-2	1.27	1.19	1.18	15.42	14.46	13.23

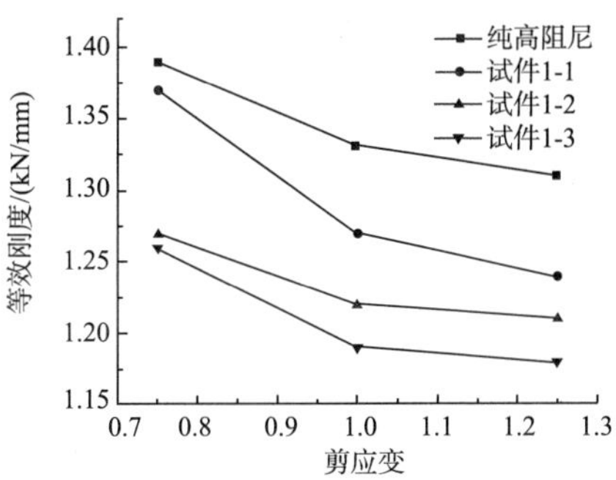

（a）支座水平等效刚度的变化（系列1） 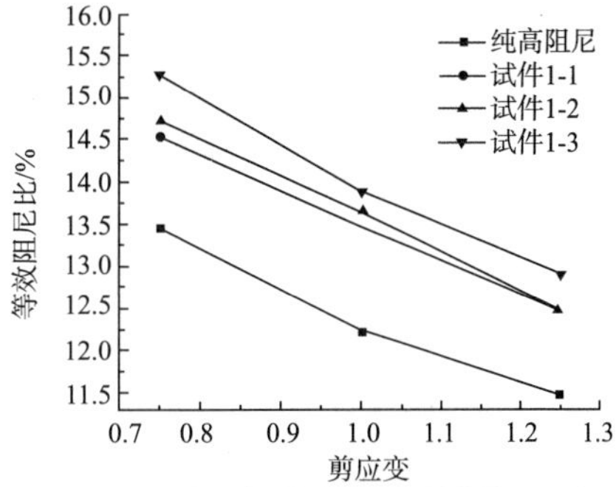　　（b）支座水平等效阻尼比的变化（系列1）

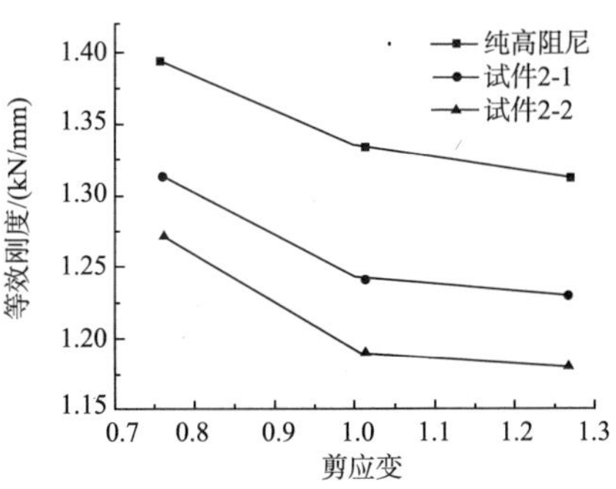

（c）支座水平等效刚度的变化（系列2） 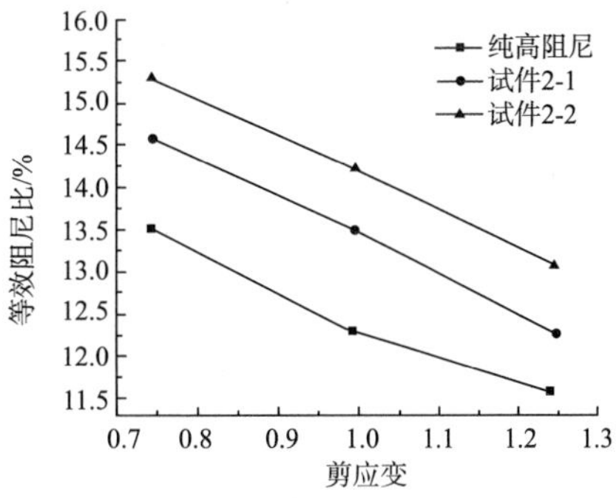　　（d）支座水平等效阻尼比的变化（系列2）

图 3-8　支座水平等效刚度和等效阻尼比随剪应变的变化曲线

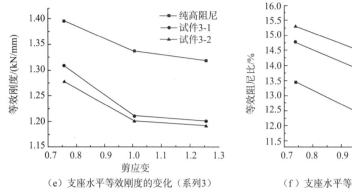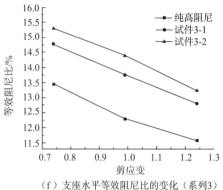

（e）支座水平等效刚度的变化（系列3）　　　（f）支座水平等效阻尼比的变化（系列3）

图 3-8（续）

　　三维隔震支座在设计剪切位移下相比于高阻尼橡胶支座，水平等效刚度下降约为 10.53%，水平等效阻尼比提高约为 12.02%。由此可得出高阻尼橡胶支座在与竖向隔震装置串联后，水平耗能能力增加有利于水平隔震。参照《公路桥梁高阻尼隔震橡胶支座》（JT/T 842—2012）[5] 5.1 条高阻尼隔震橡胶支座的性能要求，水平等效阻尼比的范围在 10.20%～19.55%便可满足水平隔震要求，因此在不同剪应变条件下，支座水平等效阻尼比满足规范要求。

　　2. 不同加载频率条件下支座的水平隔震性能

　　为考察加载频率对三维隔震支座水平隔震性能的影响，分别采用 0.05Hz、0.10Hz 和 0.20Hz 的加载频率对其进行水平剪切测试。此外，竖向压力取 900kN，剪应变取 100%。

　　以位移控制进行 3 个循环的加载，数据采集设备自动记录整个加载过程中的试验数据，取第 3 个循环计算支座的水平等效刚度和水平等效阻尼比。试验加载工况为竖向压力 900kN，水平变形 800mm，加载频率 0.05Hz、0.10Hz 和 0.20Hz。

　　试验所得三维隔震支座的滞回曲线如图 3-9 所示。随着加载频率的增大，支座的滞回曲线整体上趋于饱满，曲线整体平滑稳定，表明不同频率作用下三维抗拔隔震支座具有较稳定的力学性能。三维抗拔隔震支座在不同加载频率条件下的水平等效刚度和等效阻尼比计算值见表 3-2。图 3-10 为不同加载频率条件下各系列支座水平等效刚度和等效阻尼比随加载频率的变化曲线。

表 3-2　支座在不同加载频率下的水平等效刚度和水平等效阻尼比

试件编号	水平等效刚度/（kN/mm）			水平等效阻尼比/%		
	加载频率 0.05Hz	加载频率 0.10Hz	加载频率 0.20Hz	加载频率 0.05Hz	加载频率 0.10Hz	加载频率 0.20Hz
纯高阻尼	1.33	1.34	1.37	12.22	12.90	13.63

试件编号	水平等效刚度/（kN/mm）			水平等效阻尼比/%		
	加载频率 0.05Hz	加载频率 0.10Hz	加载频率 0.20Hz	加载频率 0.05Hz	加载频率 0.10Hz	加载频率 0.20Hz
1-1	1.27	1.29	1.30	13.47	13.89	14.48
1-2	1.22	1.24	1.26	13.65	14.08	14.77
1-3	1.19	1.21	1.22	13.89	14.54	15.25
2-1	1.24	1.25	1.28	13.44	14.03	14.58
2-2	1.19	1.21	1.22	14.19	14.84	15.32
3-1	1.21	1.24	1.27	13.78	14.40	15.12
3-2	1.19	1.21	1.23	14.46	15.09	15.71

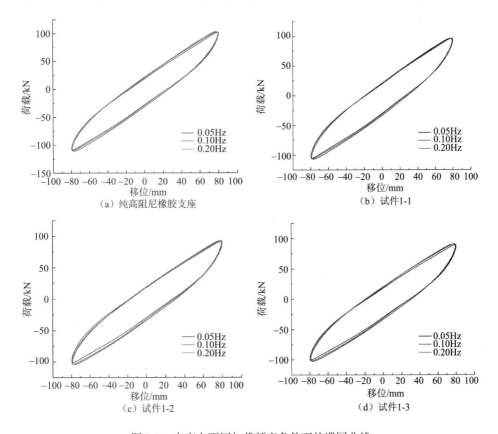

图 3-9　支座在不同加载频率条件下的滞回曲线

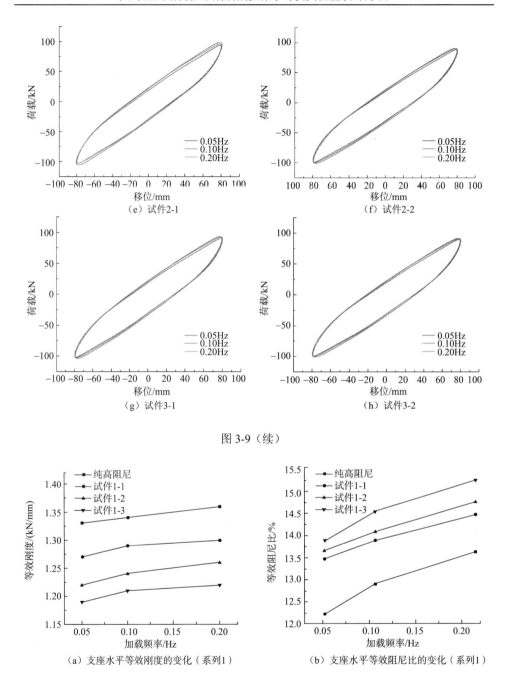

图 3-9（续）

（a）支座水平等效刚度的变化（系列1）　　（b）支座水平等效阻尼比的变化（系列1）

图 3-10　支座水平等效刚度及等效阻尼比随加载频率的变化曲线

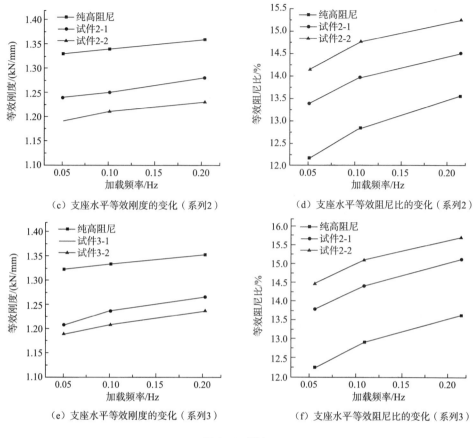

（c）支座水平等效刚度的变化（系列2）　　　　（d）支座水平等效阻尼比的变化（系列2）

（e）支座水平等效刚度的变化（系列3）　　　　（f）支座水平等效阻尼比的变化（系列3）

图 3-10（续）

可以看出，随着加载频率的增加，水平等效刚度较稳定，增加幅值较小。支座的水平等效阻尼比随着加载频率的增大而增大，以试件 1-3 为例，在设计剪切位移下，加载频率由 0.05Hz 到 0.10Hz，水平等效阻尼比提高 4.77%；加载频率由 0.10Hz 到 0.20Hz，水平等效阻尼比提高 4.88%。三维隔震支座在设计剪切位移下相比于高阻尼橡胶支座，水平等效刚度下降约为 9.7%，水平等效阻尼比提高约为 12.71%，表明在不同加载频率下，高阻尼橡胶支座在与竖向隔震装置串联后水平隔震性能提高，且水平隔震性能趋于稳定。试验表明，该工况下设计的隔震支座满足水平隔震性能的要求。

3.2.3　三维抗拔隔震支座竖向隔震性能试验

1. 不同加载幅值条件下支座的竖向隔震性能

为考察不同加载幅值对三维隔震支座竖向隔震性能的影响，选用试件 1-1、试件 1-2、试件 1-3、试件 1-4、试件 1-5 和试件 1-6 进行试验研究，竖向预压力取 700kN，竖向加载频率取 0.02Hz。同时，并按照相关规定，试验时加载幅值分为 100kN、200kN 和 300kN 3 级，往复 3 次循环加载，取第 3 次循环曲线进行支座竖向等效刚度及等效阻尼比的计算。试验加载预应力 700kN，加载频率 0.02Hz，加载幅值 100kN、200kN 和 300kN。

图 3-11 为三维隔震支座在不同加载幅值条件下的竖向滞回曲线。由图 3-11 可以看出，加载时，曲线在荷载较小时接近于线性，随着荷载的增加，曲线会出现非线性特性；而卸载曲线则明显是非线性曲线，并且和加载曲线构成了一个滞回区域，出现非线性弹性元件的典型特征。这是由于支座的竖向阻尼主要来自碟簧片之间的摩擦力作用，在加载过程中随着压力的增大，碟簧片之间的摩擦力不断变大，由其提供的摩擦阻尼变大，从而使滞回曲线趋于饱满；而在卸载过程中，碟簧片之间的摩擦力是不断减小的过程，由其提供的摩擦阻尼变小，使得滞回曲线趋于狭长。随着加载幅值的增加，支座的滞回曲线趋于饱满，滞回曲线面积有明显的增加，表明支座在竖向力大幅值变化过程中依然具有稳定的耗能能力。

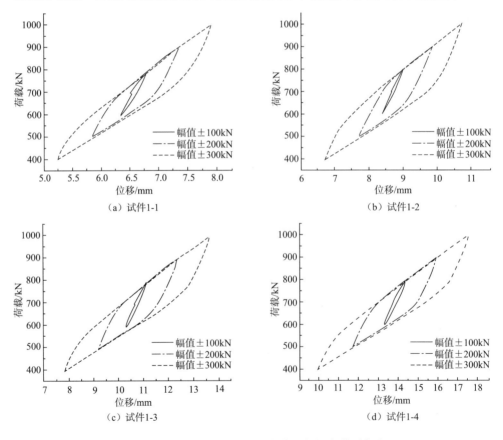

图 3-11　支座在不同加载幅值条件下的竖向滞回曲线

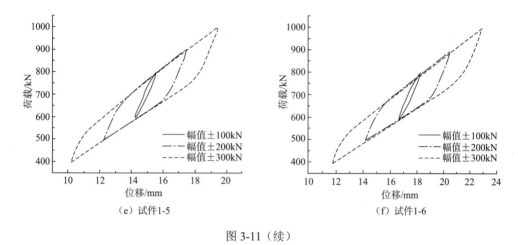

（e）试件1-5　　　　　　　　　　　　　　（f）试件1-6

图 3-11（续）

　　表 3-3、图 3-12 和图 3-13 为三维复合抗拔隔震支座竖向等效刚度和竖向等效阻尼比随着加载幅值变化的规律。由图 3-12 可以看出，随着加载幅值的增加，支座的竖向等效刚度呈下降趋势，这是由于碟簧的变刚特性导致的，加载幅值由 100kN 变到 300kN，竖向等效刚度降低，降低范围在 49.09%～58.00%。由图 3-13 可以看出，随着加载幅值的增加支座的竖向等效阻尼比呈现先增大后降低的趋势。

表 3-3　不同加载幅值下支座的竖向等效刚度和竖向等效阻尼比

试件编号	竖向等效刚度/（kN/mm）			竖向等效阻尼比/%		
	加载幅值100kN	加载幅值200kN	加载幅值300kN	加载幅值100kN	加载幅值200kN	加载幅值300kN
1-1	440.46	265.04	224.25	6.33	15.35	12.16
1-2	318.93	188.21	149.77	6.67	16.94	14.44
1-3	243.38	126.81	103.94	9.39	17.86	13.62
1-4	189.36	95.56	79.52	9.27	17.74	12.97
1-5	150.98	76.74	64.89	9.57	17.13	12.5
1-6	127.44	64.01	54.24	10.77	16.98	12

　　竖向等效阻尼比在 10%左右时便可满足竖向隔震要求，因此在竖向不同加载幅值条件下，随着竖向压力的增加，支座竖向等效阻尼比可满足要求。建议在支座使用过程中应当有足够的竖向压力，以便提供更高的竖向等效阻尼。

　　2. 不同加载频率条件下支座的竖向隔震性能

　　为考察不同加载频率对三维隔震支座竖向隔震性能的影响，对支座竖向施加

700kN 的预压力,加载幅值取 200kN,以 0.02Hz、0.10Hz 和 0.20Hz 的竖向加载频率施加三角荷载,往复 3 次循环加载,取第 3 次循环曲线进行支座竖向等效刚度及等效阻尼比的计算。竖向位移由光纤位移计进行测量,数据采集系统自动记录整个试验过程中的力与位移试验数据。试验加载工况预应力 700kN,加载幅值 200kN,加载频率 0.02Hz、0.10Hz 和 0.20Hz。

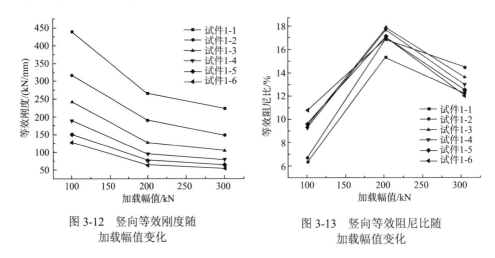

图 3-12　竖向等效刚度随
加载幅值变化

图 3-13　竖向等效阻尼比随
加载幅值变化

图 3-14 为三维复合抗拔隔震支座在不同加载频率条件下的竖向滞回曲线,可以看出,不同加载频率下支座滞回曲线均呈现良好的双非线性。随着支座加载频率的增加,支座的滞回曲线较低频率下更加饱满,表明支座的耗能能力随着加载频率的增大而增大。

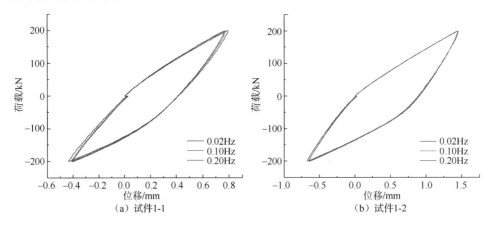

（a）试件1-1　　　　　　　　　　　（b）试件1-2

图 3-14　支座在不同加载频率条件下的竖向滞回曲线

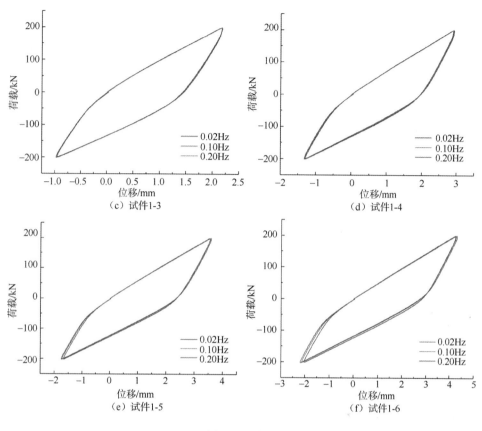

图 3-14（续）

　　三维隔震支座在不同加载频率条件下的竖向等效刚度和竖向等效阻尼比计算值如表 3-4 所示。图 3-15 和图 3-16 为不同加载频率条件下支座竖向等效刚度和等效阻尼比的变化规律。由图 3-15 可以看出，支座的竖向等效刚度随着加载频率的增大而略有增加，但是变化幅度非常小，在 1%左右。

表 3-4　支座在不同加载频率条件下的竖向等效刚度和竖向等效阻尼比

试件编号	竖向等效刚度/（kN/mm）			竖向等效阻尼比/%		
	加载频率 0.02Hz	加载频率 0.10Hz	加载频率 0.20Hz	加载频率 0.02Hz	加载频率 0.10Hz	加载频率 0.20Hz
1-1	265.04	266.12	266.50	15.35	16.27	17.34
1-2	189.80	190.90	191.53	16.87	17.21	17.76
1-3	126.95	127.75	127.64	17.86	18.01	18.59
1-4	95.06	95.74	96.02	18.25	18.78	19.30
1-5	76.14	76.97	77.21	18.56	19.09	19.53
1-6	62.66	63.54	63.98	19.01	19.89	20.56

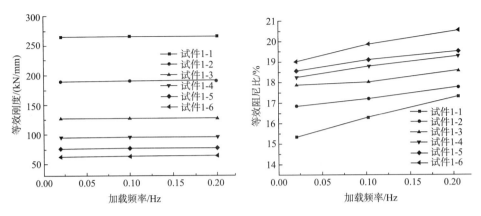

图 3-15　竖向等效刚度随加载频率变化　　　图 3-16　竖向等效阻尼比随加载频率变化

由图 3-16 可以看出，支座的竖向等效阻尼比随着加载频率的增加而增大。这是由于叠合碟簧的阻尼特性与一般的螺旋弹簧不同，叠合碟簧的阻尼力由两部分构成：一部分是黏性阻尼力，其值与加载的速率成正比，与加载方向相反；另一部分是库仑阻尼力，主要由碟簧锥面之间的摩擦形成，一般为常量，但方向总与加载的方向相反，随着加载频率的增加，黏性阻尼力增加，使得三维支座的整体竖向等效阻尼随加载频率的增加而增加。

3.3　抗拔型三维隔震支座在大跨空间结构中的设计方法

3.3.1　水平隔震装置设计流程

1. 水平隔震装置材料特性

水平隔震装置采用高阻尼橡胶支座，橡胶材料具有弹性好、变形能力强等特点。然而，橡胶材料的非线性、不可压缩性及大变形特性的特点，使描述橡胶支座力学特性的参数确定较为烦琐，一般采用试验方法确定。橡胶材料可认为具有不可压缩性，因此其泊松比取 0.5。

2. 高阻尼橡胶支座形态设计

高阻尼橡胶支座的力学性能一方面取决于橡胶材料的性能，另一方面取决于支座的形状。橡胶支座可通过第一形状系数 S_1 及第二形状系数 S_2 来描述其形状。

第一形状系数 S_1 可表示为 $S_1 = \dfrac{D_0 - D_i}{4t_r}$，其中 D_0、D_i 为受压橡胶的直径，t_r

为每一薄层橡胶的厚度。S_1 越大，钢板对橡胶约束越好，支座的竖向刚度及承载力越大。

第二形状系数 S_2 可表示为 $S_2=\dfrac{D_0}{nt_r}$，其中 n 为橡胶薄层层数。由公式可看出 S_2 等于橡胶支座的有效直径与橡胶层总厚度的比值。S_2 越大，支座的高度越低，水平刚度越大，稳定性越高。

规范规定支座设计时第一、二形状系数应满足 $S_1\geqslant15$、$S_2\geqslant5$ 的要求，以保证支座具有足够的承载力及水平刚度。

3. 高阻尼橡胶支座水平等效刚度及水平等效阻尼比

高阻尼橡胶支座的水平等效刚度、水平等效阻尼比这两个参数是衡量其水平隔震性能的重要指标，水平等效刚度越小、水平等效阻尼比越大，其隔震性能越好。图 3-17 所示为高阻尼橡胶支座的滞回曲线。K_d 为橡胶支座屈服后刚度；Q_d 为屈服力；K_i 为橡胶支座初始水平刚度；K_h 为支座水平等效刚度。

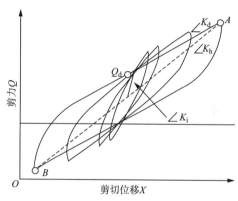

图 3-17　高阻尼橡胶支座的滞回曲线

$$K_h=\frac{GA_0}{T_r} \tag{3-1}$$

$$K_h=G_{eq}(\gamma)\frac{A_0}{T_r} \tag{3-2}$$

$$h_{eq}(\gamma)=\frac{1}{\pi}\frac{W_d}{2K_h(T_r\gamma)^2} \tag{3-3}$$

式中，T_r 为橡胶支座中橡胶部分的高度；K_h 为支座水平等效刚度；A_0 为有效面积（mm^2）；h_{eq} 为橡胶层总厚度（mm）；G 为橡胶剪切模量（MPa）；$G_{eq}(\gamma)$ 为剪应变为 γ 时的等效剪切模量（MPa）；W_d 为滞回曲线包络面积（一个荷载循环所吸收的能量）。

式（3-2）与式（3-1）相比，其考虑了剪应变对剪切模量影响时水平等效刚度。

4. 高阻尼橡胶支座竖向刚度

在竖向荷载作用下，叠层橡胶支座橡胶层的上下表面受到钢板的约束，竖向变形较小，使得隔震支座竖向刚度较大。基于小变形理论，可得出橡胶支座竖向刚度理论计算公式，即

$$K_{vh} = \frac{E_c A_0}{T_r} \qquad (3\text{-}4)$$

$$E_c = \left(\frac{1}{E_{ap}} + \frac{1}{E_\infty}\right)^{-1} \qquad (3\text{-}5)$$

不考虑剪应变影响时，橡胶表观模量为

$$E_{ap} = E_0(1 + 2\kappa S_1^2) \qquad (3\text{-}6)$$

考虑剪应变影响时，橡胶表观模量为

$$E_{ap} = 3G_{av}(\gamma)(1 + 2\kappa S_1^2) \qquad (3\text{-}7)$$

$$\gamma = \sqrt{6} S_1 \varepsilon \qquad (3\text{-}8)$$

式中，K_{vh} 为竖向压缩刚度（kN/mm）；E_c 为橡胶修正压缩弹性模量（MPa）；A_0 为有效面积（mm^2）；E_{ap} 为橡胶表观模量（MPa）；E_∞ 为橡胶体积弹性模量；E_0 为橡胶弹性模量（MPa）；κ 为与硬度相关的弹性模量修正系数；S_1 为第一形状系数；$G_{av}(\gamma)$ 为压缩荷载产生的平均剪应变 γ 对应的剪切模量（MPa）。

5. 高阻尼橡胶拉伸性能

研究表明，高阻尼橡胶支座抗拉伸能力远小于支座的抗压缩能力，当支座上部产生的拉力过大，橡胶层与钢板层间的黏结强度不足以承担上部拉应力时，将会导致橡胶支座发生撕裂破坏。

支座所受拉力限值应满足：

$$F_u \leqslant P_{Ty} \frac{1}{\rho_{Ty}} \qquad (3\text{-}9)$$

式中，F_u 为支座承受的拉力（N）；P_{Ty} 为支座的屈服拉力（N）；ρ_{Ty} 为安全系数，按设计要求确定。

6. 高阻尼橡胶支座设计流程

依据前文给出的叠层橡胶支座理论，图 3-18 给出了水平隔震装置高阻尼橡胶支座的设计流程，实际应用过程中可按该步骤对水平隔震装置及高阻尼橡胶支座进行设计及验算。

3.3.2 竖向隔震装置设计流程

1. 竖向隔震装置材料特性

竖向隔震装置采用碟簧组并联的形式实现，选择碟簧的原因是其空间紧凑、承载力高，且碟簧通过改变组合方式可调整支座的竖向刚度，利用碟片间变形产生的摩擦可有效耗散竖向地震作用。

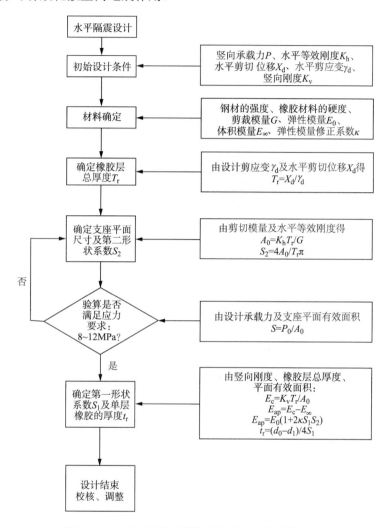

图 3-18　水平隔震装置高阻尼橡胶支座的设计流程

常用的碟簧分为两类，即有支承面和无支承面碟簧。其中，无支承面碟簧承载力较低，该类碟簧的厚度一般小于 3mm；当碟簧厚度大于 3mm 时，一般设计为有支承面，该类碟簧具有较高的承载力。

与圆柱螺旋弹簧相比，碟簧具有以下特点。

1）呈扁平状，具有较高的承载力，易于组合得到所需的承载力及刚度。

2）碟簧采用叠合组合时，碟片之间的摩擦提供的阻尼消散冲击能量。

3）碟簧具有变刚性特性，在荷载较大时将出现负刚特性，使其对冲击力荷载的隔震较为有利。

2. 碟簧的组合形式

根据使用要求，碟簧经常组合使用，常见的组合形式有叠合、对合和复合组合 3 种形式。

（1）叠合组合形式

由于单片碟簧很难满足承载力的要求，因此为满足承载力需求，将 n 片相同规格的碟簧按相同方向进行叠合。其计算方法参照式（3-10）～式（3-12），其位移-荷载曲线如图 3-19 所示。

$$F_z = nF \tag{3-10}$$

$$f_z = f \tag{3-11}$$

$$H_z = H + (n-1)t \tag{3-12}$$

式中，F 为单片碟簧的荷载；F_z 为叠合组合碟簧荷载；f 为单片碟簧变形量；f_z 为叠合组合碟簧变形；n 为叠合组合碟簧中碟簧片数；t 为厚度；H_z 为叠合组合碟簧的自由高度。

（2）对合组合形式

为了满足竖向刚度的要求，将 i 个反向同规格的碟簧进行对合组合，对合片数 i 由目标变形决定。其计算方法参照式（3-13）～式（3-15），其位移-荷载曲线如图 3-20 所示。

$$F_z = F \tag{3-13}$$

$$f_z = if \tag{3-14}$$

$$H_z = ih \tag{3-15}$$

式中，i 为对合组合碟簧中对合碟簧片数；h 为单片碟簧的自由高度。

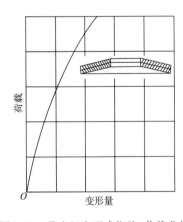

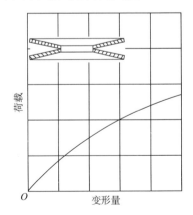

图 3-19　叠合组合形式位移-荷载曲线　　　图 3-20　对合组合形式位移-荷载曲线

（3）复合组合形式

复合组合形式由叠合（叠合片数 n）和对合（对合片数 i）复合而成，计算方法参照式（3-16）～式（3-18），其位移-荷载曲线如图 3-21 所示。

$$F_z = nF \qquad (3\text{-}16)$$

$$f_z = if \qquad (3\text{-}17)$$

$$H_z = i[H + (n-1)t] \qquad (3\text{-}18)$$

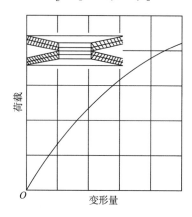

图 3-21　复合组合形式位移-荷载曲线

3. 碟簧的承载力及刚度

碟簧的设计主要包括刚度和强度设计，针对无支承面的碟簧，单片碟簧的承载力为

$$F = \frac{4Et^4}{(1-\mu^2) + K_1 D^2} \frac{f}{t} + \left(\frac{h_0}{t} - \frac{f}{t} \right) \left(\frac{h_0}{t} - \frac{f}{2t} \right) + 1 \qquad (3\text{-}19)$$

$$K_1 = \frac{1}{\pi} \frac{\left[\dfrac{(C-1)}{C} \right]^2}{\dfrac{(C+1)}{(C-1)} - \dfrac{2}{\ln C}} \qquad (3\text{-}20)$$

$$C = \frac{D}{d} \qquad (3\text{-}21)$$

式中，F 为荷载；f 为变形量；E 为弹性模量；μ 为泊松比；h_0 为无支承面碟簧压平时变形量的计算值；t 为厚度；D 为外径；d 为内径；K_1 为刚度。

将式（3-19）对变形量 f 进行求导，便可得到单片碟簧刚度公式为

$$K = \frac{4Et^3}{(1-\mu^2) + K_1 D^2} + \left(\frac{h_0}{t} \right)^3 - 3\frac{h_0}{t}\frac{f}{t} + \frac{3}{2}\left(\frac{f}{t} \right)^2 + 1 \qquad (3\text{-}22)$$

由式（3-22）可知，随着 C 的增大，K_1 相应增大，刚度减少。当 C 的取值范围在 3～5 时，K_1 变化较小，对刚度影响不大。此时若 $t/h_0 \leqslant 0.5$，则刚度近似呈线性关系。

若碟簧组为 n 片，碟簧叠合 i 组对合，则刚度 K_v 可计算为

$$K_v = \frac{nF}{if} = \frac{n}{i}K \tag{3-23}$$

竖向隔震装置的竖向总刚度 K_{vv} 为

$$K_{vv} = m\frac{nF}{if} = m\frac{n}{i}K \tag{3-24}$$

式中，m 为并联碟簧组数。

4. 碟形弹簧的强度设计

依据《碟形弹簧》（GB/T 1972—2005）[6]，按照碟簧在工作时间内负荷变化的次数分为静荷载和变荷载两类。

静荷载：作用荷载不变或在长时间内只有偶然变化，在规定寿命内变化次数小于 1×10^4 次。

变荷载：作用在碟形弹簧上的荷载在预加荷载和工作荷载之间循环变化，在规定寿命内变化次数大于 1×10^4 次。

竖向隔震装置的碟簧主要用于隔离竖向地震作用，荷载变化次数较少，因此在设计时碟簧只需考虑静荷载作用下的强度问题。

碟簧的作用应力与荷载性质有关。静荷载作用下的碟簧，应通过校检 OM 点的应力来保证稳定。在压平时的 σ_{OM} 应接近碟簧材料的屈服极限 σ_s，对于材料为 60SiMnA 及 50GrVA 的钢制碟簧，$\sigma_s = 1400 \sim 1600 \text{N/mm}^2$。对于无支承的碟簧，其面上任意一点的应力为

$$\sigma_{OM} = \frac{4Et^2}{(1-\mu^2) + K_1 D^2} \frac{f}{t} \frac{3}{\pi} \tag{3-25}$$

如图 3-22 所示，常用的碟簧最大应力出现在内外圆周的上、下缘部位，在使用前只需对这 4 点的应力进行验算即可；对无支承碟簧，可按式（3-26）～式（3-31）进行计算。

图 3-22　静荷载下应力校核点

$$\sigma_{\mathrm{I}} = \frac{-4Et^4}{(1-\mu^2)+K_1D^2}\frac{f}{t}\left[K_2\left(\frac{h_0}{t}-\frac{f}{2t}\right)+K_3\right] \tag{3-26}$$

$$\sigma_{\mathrm{II}} = \frac{-4Et^4}{(1-\mu^2)+K_1D^2}\frac{f}{t}\left[K_2\left(\frac{h_0}{t}-\frac{f}{2t}\right)-K_3\right] \tag{3-27}$$

$$\sigma_{\mathrm{III}} = \frac{-4Et^2}{(1-\mu^2)+K_1D^2}\frac{1}{C}\frac{f}{t}\left[(K_2-2K_3)\left(\frac{h_0}{t}-\frac{f}{2t}\right)-K_3\right] \tag{3-28}$$

$$\sigma_{\mathrm{IV}} = \frac{-4Et^2}{(1-\mu^2)+K_1D^2}\frac{1}{C}\frac{f}{t}\left[(K_2-2K_3)\left(\frac{h_0}{t}-\frac{f}{2t}\right)+K_3\right] \tag{3-29}$$

$$K_2 = \frac{6}{\pi}\frac{(C-1)/\ln C-1}{\ln C} \tag{3-30}$$

$$K_3 = \frac{3}{\pi}\frac{(C-1)}{\ln C} \tag{3-31}$$

5. 竖向隔震装置设计流程

图 3-23 为三维隔震支座中竖向隔震装置的设计流程。在实际应用过程中，应根据所需竖向刚度、承载力及变形量的需求，通过改变碟簧的组合方式来实现。

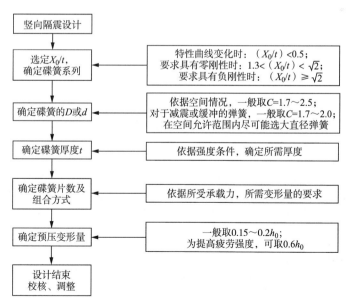

图 3-23　竖向隔震装置的设计流程

3.4　单层柱面网壳水平隔震性能研究

针对隔震大跨空间隔震结构的抗震性能开展了振动台试验研究。试验模型为按相似关系设计的钢管柱支承单层柱面网壳结构（表 3-5），试验包括 HDR 基础隔震、高位隔震及无隔震的 3 种工况对比[7]。

表 3-5　模型结构相似比设计

物理量	相似关系	相似常数	物理量	相似关系	相似常数
长度 l	S_l	$1/10$	集中力 F	$S_E S_l^2$	$1/10^2$
线位移 x	$S_x = S_l$	$1/10$	面荷载 q	$S_q = S_E$	1
面积 A	$S_A = S_l^2$	$1/10^2$	周期 T	$(S_m/S_k)^{1/2}$	$1/\sqrt{10}$
惯性矩 I	$S_I = S_l^4$	$1/10^4$	频率 f	$(S_k/S_m)^{1/2}$	$\sqrt{10}$
弹性模量 E	S_E	1	速度 v	S_l/S_t	$1/\sqrt{10}$
应变 ε	$S_\varepsilon = 1$	1	加速度 a	S_l/S_t^2	1
应力 σ	$S_\sigma = S_E$	1	阻尼比 ζ	$S_\zeta = 1$	1
质量密度 ρ	S_E/S_l	10	泊松比 v	$S_v = 1$	1
质量 m	S_ρ/S_l^3	$1/10^2$			

注：S_k 为刚度相似系数。

3.4.1　单层柱面网壳隔震结构分析模型

1. 试验装置与模型

试验在福州大学土木工程学院 Servotest 地震模拟三台阵系统进行。为防止隔震后屋盖出现过大的横向变形，本次振动台试验模型设计以带刚性横隔的单层圆柱面网壳结构为原型，网壳形式为刚度较好的三向网格型（图 3-24）。结构处于抗震设防 8 度区（设计基本地震加速度 0.2g）、Ⅱ类场地第一组，结构平面尺寸为200m×15m，矢跨比为 1/5，下部支承柱高为 7m。屋面构造自重取 0.6kN/m²，雪荷载取 0.25kN/m²。

在沿结构纵轴（x 轴）均匀分布的支承柱位置共有 3 榀管桁架形式的刚性横隔，如图 3-24 所示。管桁架上、下弦杆截面 ϕ60mm×5mm，腹杆截面 ϕ42mm×5mm，构件刚度很大。图 3-24 中网壳节点①使用直径 140mm 的实心钢球，节点②为直径 160mm 的实心钢球，均采用 45# 圆钢锻造成型；另在各实心球节点上下对称配

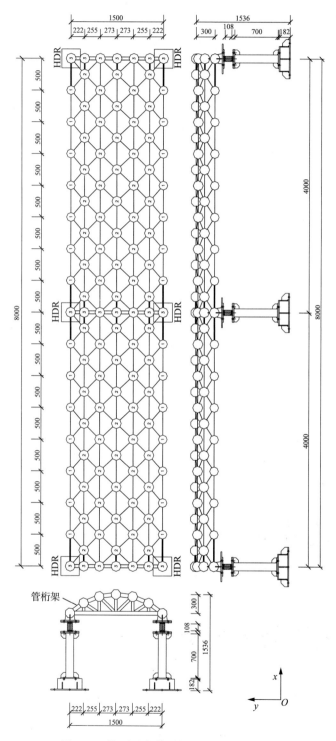

图 3-24　柱面网壳模型设计（单位：mm）

置附加质量钢块，节点①和节点②分别增加 1.52kg 和 3.04kg，以补充实心球质量的不足。为保证相似比关系及各节点传力机理统一，管桁架上弦也设置了焊接球节点，即图 3-24 中的节点③，采用 Q345b 钢板冲压成型的 SD160mm×10mm 空心球。支承柱采用 ϕ127mm×6mm 圆钢管制作，柱底通过高强螺栓与钢独立基础相连，独立基础固接于振动台面上。网壳模型总质量约 2.20t，其中附加质量块质量为 0.38t。对两种 HDR 支座进行力学性能试验，测得各支座的力学性能参数，见表 3-6。

表 3-6　试验用 HDR 支座力学性能参数

支座型号	刚度 K_1/（N/mm）	刚度 K_2/（N/mm）	等效阻尼比 h_{eq}
HDR-060	D=30mm，γ=50%	D=52.5mm，γ=87.5%	22.3%
	52.45	38.88	
HDR-078	D=39mm，γ=50%	D=52.5mm，γ=67%	20.6%
	29.79	26.47	

2. 试验用地震波

为使试验具有普遍意义，本试验选择频谱特性有较大差异的 3 组实际地震记录：宝兴民治波、郫县走石山波和 Tianjin 波（图 3-25），其中宝兴民治波和郫县走石山波是 2008 年汶川地震中分别在成都地区和雅安地区得到的中硬场地地震记录；Tianjin 波来自唐山地震余震，是较常用的长周期地震波。将原始地震记录按时间相似比关系 $1/\sqrt{10}$ 进行压缩，对 7 度~9 度罕遇地震对应的时程分析加速度最大值对幅值进行整体调整，生成试验波。表 3-7 为试验选用的原始地震波，所选地震波的反应谱如图 3-26 所示。

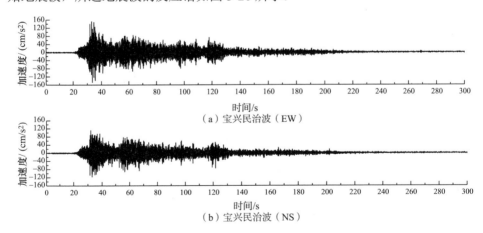

图 3-25　所选地震波的加速度记录

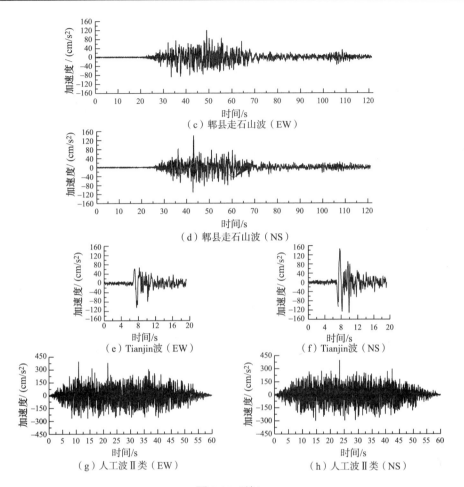

图 3-25（续）

表 3-7 试验选用的原始地震波

地震波名称	观测地点	发生时间	地震波持续时间/s	峰值加速度/（cm/s²）	
				EW	NS
宝兴民治波	四川宝兴	2008.5.12	300.00	153.26	117.13
郫县走石山波	四川郫县	2008.5.12	121.27	120.34	141.45
Tianjin 波	天津市区	1976.11.25	19.19	104.18	145.80
人工波（Ⅱ类）	—	—	60.00	397.31	397.31

　　水平单向震动沿柱面网壳模型刚度较弱的横向（y 轴）输入。对无隔震结构，输入峰值为 3.1m/s^2（对应 7 度罕遇地震设计基本加速度值 $0.15g$）的郫县走石山波时，杆件 S12 应变已达到 $842\mu_\varepsilon$（表 3-8），考虑到此值尚未包含因结构自重产生的应变部分，实际杆件内力已达很高水平。为保证模型安全，未再继续增大地

震动幅值。

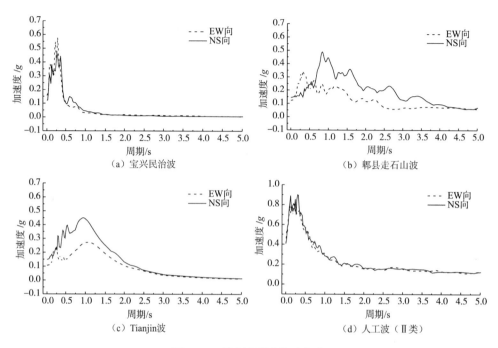

图 3-26　所选地震波的反应谱

表 3-8　测点分布

项目	编号	平面位置/m	竖向位置	方向或数量/片	项目	编号	平面位置/m	竖向位置	方向或数量/片
加速度采集	A2	$x=1.875$, $y=0.75$	网壳内部	x 向; y 向	加速度采集	A9	$x=6.0$, $y=1.5$ (节点 E')	网壳内部	x 向; y 向
	A3	$x=2.0$, $y=0.0$ (节点 C)	网壳内部	x 向; y 向		A10	$x=0.0$, $y=0.0$	支承柱	x 向; y 向
	A4	$x=4.0$, $y=0.0$ (节点 D)	网壳内部	x 向; y 向		A11	$x=4.0$, $y=0.0$	支承柱	x 向; y 向
	A5	$x=6.0$, $y=0.0$ (节点 E)	网壳内部	x 向; y 向		A12	$x=8.0$, $y=0.0$	支承柱	x 向; y 向
	A6	$x=6.125$, $y=0.75$ (节点 F)	网壳内部	x 向; y 向		A13	$x=0.0$, $y=0.0$	台面	x 向; y 向
	A7	$x=8.0$, $y=0.0$ (节点 G)	网壳内部	x 向; y 向		A14	$x=4.0$, $y=0.0$	台面	x 向; y 向
	A8	$x=2.0$, $y=1.5$ (节点 C')	网壳内部	x 向; y 向		A15	$x=8.0$, $y=0.0$	台面	x 向; y 向

续表

项目	编号	平面位置/m	竖向位置	方向或数量/片	项目	编号	平面位置/m	竖向位置	方向或数量/片
位移采集	U1	$x=0.0$，$y=0.0$（节点 A）	网壳内部	x 向y 向	应变采集	S3	$x=2.25$，$y=0.0$	网壳内部	4
	U2	$x=1.875$，$y=0.75$（节点 B）	网壳内部	x 向；y 向		S4	$x=2.0$，$y=0.222$	网壳内部	4
	U3	$x=2.0$，$y=0.0$（节点 C）	网壳内部	y 向		S5	$x=4.25$，$y=0.0$	网壳内部	4
	U4	$x=4.0$，$y=0.0$（节点 D）	网壳内部	x 向；y 向		S6	$x=4.375$，$y=0.111$	网壳内部	4
	U5	$x=6.0$，$y=0.0$（节点 E）	网壳内部	x 向		S7	$x=4.125$，$y=0.222$	网壳内部	4
	U6	$x=6.125$，$y=0.75$（节点 F）	网壳内部	x 向y 向		S8	$x=6.25$，$y=0.0$	网壳内部	4
	U7	$x=8.0$，$y=0.0$（节点 G）	网壳内部	x 向y 向		S9	$x=6.0$，$y=0.222$	网壳内部	4
	U8	$x=4.0$，$y=0.0$	支承柱底部	x 向；y 向		S10	$x=7.75$，$y=0.0$	网壳内部	4
	U9	$x=8.0$，$y=0.0$	支承柱底部	x 向y 向		S11	$x=7.875$，$y=0.222$	网壳内部	4
	U10	$x=0.0$，$y=0.0$	台面	x 向y 向		S12	$x=4.125$，$y=1.278$	网壳内部	4
	U11	$x=4.0$，$y=0.0$	台面	x 向y 向		S13	$x=4.25$，$y=1.5$	网壳内部	4
	U12	$x=8.0$，$y=0.0$	台面	x 向y 向		S14	$x=0.0$，$y=0.0$	支承柱底部	8
应变采集	S1	$x=0.25$，$y=0.0$	网壳内部	4		S15	$x=4.0$，$y=0.0$	支承柱底部	8
	S2	$x=0.125$，$y=0.222$	网壳内部	4		S16	$x=8.0$，$y=0.0$	支承柱底部	8

3. 隔震支座的安装及测点的布置

HDR 隔震支座单层柱面网壳模型整体布置如图 3-27 所示。

试验测量节点的位移、加速度和杆件的应变响应等指标。网壳杆件在中部沿环向对称粘贴 4 片应变片，支承柱在柱底沿环向对称粘贴 8 片应变片。数据采集系统和仪器如图 3-28 所示。模型测点分布见表 3-8，将测点主要布置在 $y=0\sim 0.75\text{m}$ 的半幅区域内，选择理论分析的最大变形处和最大应力部位。在其他位置对称布置校核点，可根据结构的对称性得到整体模型的响应。在各 HDR 支座的上、下连接板处水平双向布置拉线位移计，采集响应过程中橡胶支座的剪切变形。

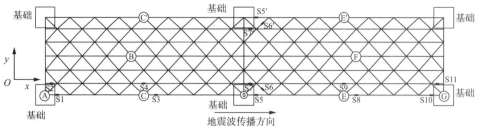

（a）网壳模型整体布置示意

（b）HDR基础隔震单层柱面网壳模型（HDR-060）

（c）HDR高位隔震单层柱面网壳模型（HDR-078）

图 3-27　HDR 隔震支座单层柱面网壳模型整体布置

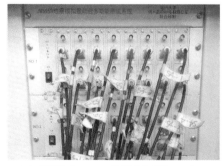

（a）扬州晶明 JM5958 数据采集系统（局部）

（b）拉线式位移传感器

图 3-28　数据采集系统和仪器

（c）网壳模型加速度计布置

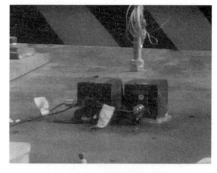

（d）振动台面加速度计布置

（e）杆件中部应变片粘贴

（f）支承柱底部应变片粘贴

图 3-28（续）

3.4.2　单层柱面网壳隔震结构地震响应分析

1. 基础隔震单层柱面网壳隔震结构地震响应

HDR 基础隔震试验工况见表 3-9。

表 3-9　HDR 基础隔震试验工况

序号	输入地震动	x 向 PGA/（m/s²）	y 向 PGA/（m/s²）	视波速/（m/s）	隔震方式
1	宝兴民治波	—	4.0	一致	无
2	宝兴民治波	—	4.0	一致	HDR 基础
3	宝兴民治波	—	4.0	1000	HDR 基础
4	宝兴民治波	—	4.0	500	HDR 基础
5	宝兴民治波	3.4	4.0	一致	无
6	宝兴民治波	3.4	4.0	一致	HDR 基础
7	宝兴民治波	3.4	4.0	1000	HDR 基础
8	宝兴民治波	3.4	4.0	500	HDR 基础
9	郫县走石山波	—	3.1	一致	无

续表

序号	输入地震动	x 向 PGA/（m/s²）	y 向 PGA/（m/s²）	视波速/（m/s）	隔震方式
10	郫县走石山波	—	4.0	一致	HDR 基础
11	郫县走石山波	—	4.0	1000	HDR 基础
12	郫县走石山波	—	4.0	500	HDR 基础
13	郫县走石山波	3.4	4.0	一致	HDR 基础
14	郫县走石山波	3.4	4.0	1000	HDR 基础
15	郫县走石山波	3.4	4.0	500	HDR 基础
16	Tianjin 波	—	4.0	一致	无
17	Tianjin 波	—	4.0	一致	HDR 基础
18	Tianjin 波	—	4.0	1000	HDR 基础
19	Tianjin 波	—	4.0	500	HDR 基础
20	Tianjin 波	3.4	4.0	一致	HDR 基础
21	Tianjin 波	3.4	4.0	1000	HDR 基础
22	Tianjin 波	3.4	4.0	500	HDR 基础

（1）结构模型加速度响应

结构隔震前后网壳模型纵向边（$y=0$m）上的节点 A、C、D、E、G 加速度响应包络图对比如图 3-29 所示。由于结构沿纵轴方向的柱间距较大，两条纵向边（$y=0$m、1.5m）附近的结构部分横向刚度较弱，无隔震时纵向边跨中处（$x=2$m、6m）的 C/C′和 E/E′球节点剧烈振动，PGA 明显大于柱顶（$x=0$m、4m、8m）处节点的相应值。其中，以郫县走石山波作用下（工况 9，PGA=3.1m/s²）的结构响应最为显著，两者相差一倍以上，其中 $x=6$m 处的节点 E 的 PGA 达到 16.9m/s²。无隔震时结构纵向两端的节点加速度响应峰值有所差别，$x=0$m 处节点响应较大，这是由于西侧台面实际输出值较另外两台面偏大所致。

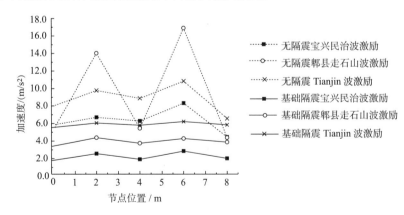

图 3-29　节点加速度响应（y 向）包络图对比

采用 HDR 支座进行基础隔震后，柱面网壳屋盖各节点的加速度响应接近。对于宝兴民治波和郫县走石山波作用的工况，网壳节点的加速度响应降低明显，峰值仅为隔震前的 1/4～1/3，相当于隔震后网壳屋盖所受水平地震作用烈度降低 2 度；尤其对于郫县走石山波，隔震后在 8 度罕遇地震（工况 10）作用下的加速度响应峰值仅为无隔震结构在 7 度罕遇地震（设计基本地震加速度值 0.15g，工况 9）作用下相应值的 25.4%，纵向边上的节点 E 的 PGA 降至 4.29m/s^2；属于 IV 类场地的 Tianjin 波的卓越周期较长，隔震后仍未能完全避开地震波的主要能量段，隔震效果稍差。

将地震作用下结构的加速度响应峰值与输入的地面 PGA 之比定义为加速度放大系数[8]，并记为 R_a，即

$$R_a = a/a_g \tag{3-32}$$

表 3-10 给出无隔震与基础隔震单层柱面网壳加速度响应对比。第 1 列的球节点编号及坐标；第 4 列给出了按相似比关系 $1/\sqrt{10}$ 进行压缩后，振动台实际输出地震波的主要频率区间；第 5 列中 a_g 取 3 个台面输出加速度的平均值。

表 3-10　无隔震与基础隔震单层柱面网壳加速度响应对比（ y 向）

测点位置	结构状态	地震波	地震波主要频率区间 ω/Hz	$R_a = a/a_g$
节点 B (x=1.75m, y=0.75m)	无隔震 （基频 7.81Hz）	宝兴民治波	7.57～15.87	1.89
		郫县走石山波	1.95～13.18	1.91
		Tianjin 波	1.22～4.39	2.02
	基础隔震 （基频 2.20Hz）	宝兴民治波	7.81～16.11	0.48
		郫县走石山波	1.95～13.18	0.89
		Tianjin 波	1.22～4.15	1.27
节点 C (x=2m, y=0m)	无隔震 （基频 7.81Hz）	宝兴民治波	7.57～15.87	2.09
		郫县走石山波	1.95～13.18	4.28
		Tianjin 波	1.22～4.39	2.13
	基础隔震 （基频 2.20Hz）	宝兴民治波	7.81～16.11	0.78
		郫县走石山波	1.95～13.18	1.09
		Tianjin 波	1.22～4.15	1.33
节点 D (x=4m, y=0m)	无隔震 （基频 7.81Hz）	宝兴民治波	7.57～15.87	1.96
		郫县走石山波	1.95～13.18	1.66
		Tianjin 波	1.22～4.39	1.94
	基础隔震 （基频 2.20Hz）	宝兴民治波	7.81～16.11	0.59
		郫县走石山波	1.95～13.18	0.93
		Tianjin 波	1.22～4.15	1.27

无隔震时纵向边上的球节点 C/C′和 E/E′等剧烈振动，加速度放大系数 R_a 明显大于结构横向中部的球节点 B 及柱顶处的球节点 D 的相应值，在郫县走石山波作用下节点 C 的 R_a 值达到 4.28。采用 HDR 支座进行基础隔震后，加速度响应峰值大幅度降低，对得自近似基岩场地的宝兴民治波，地震波特征频率与隔震结构基频之比 ω/ω_n 在 3.5 以上，支座隔震使结构自振周期基本避开了地震波的主要能量段，各代表性位置节点的加速度放大系数 R_a 都在较低水平，隔震效果非常明显；而处于软弱场地的 Tianjin 波，其周期较长，隔震后网壳结构的自振频率仍与地震波较接近，隔震效果不是很理想。地震波的频谱特性对隔震效果的影响很大。

图 3-30 为不同地震波作用下，网壳模型纵向边跨中的球节点 C 在隔震前后的加速度响应时程曲线对比，竖向虚线表示输入地震动峰值出现的时刻。节点 C 所在的结构部分横向刚度较弱，该位置在地震过程中存在明显的局部振动，包含的振型复杂，加速度值始终在较高水平。隔震后，节点 C 的加速度响应峰值分别为无隔震情况的 38.2%、31.2%和 61.9%，且输入的郫县走石山波峰值比无隔震时增大 29.0%。隔震结构响应的峰值基本对应输入地震动峰值出现的时刻，之后迅速降低，这在 Tianjin 波作用下表现尤为明显，这表明隔震结构体系的耗能能力很强。

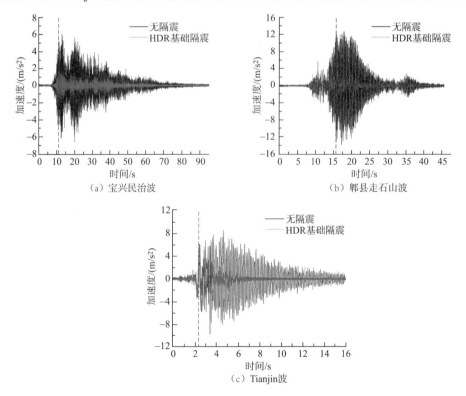

（a）宝兴民治波   （b）郫县走石山波

（c）Tianjin 波

图 3-30 网壳模型加速度响应（y 向）时程曲线（A3，x=2m）

（2）结构模型位移响应

试验采用拉线式位移传感器测量结构的绝对位移响应，然后通过减去振动台面的运动，得到地震作用下结构的相对位移及变形。将地震作用下结构的相对位移响应峰值（最大绝对值）与输入的地面位移峰值（最大绝对值）之比定义为位移反应（放大）比，并记为 R_d，即

$$R_d = D_s / D_g \tag{3-33}$$

图 3-31 和图 3-32 分别给出 3 条地震波作用下，隔震前后柱面网壳模型绝对位移和相对位移响应的包络图对比。由图 3-31 和图 3-32 可以看出，对无隔震结构，郫县走石山波因激起了较高阶振型而使结构发生明显的弹性变形，纵向边的跨中处节点（$x=2m$、$6m$）与柱顶处节点（$x=0m$、$4m$、$8m$）的相对位移达 4mm 以上。采用 HDR 支座进行基础隔震后，由于橡胶支座的水平剪切刚度明显小于上部钢结构网壳的刚度，地震作用引起的结构变形主要发生在橡胶支座处，隔震支座以上的结构部分趋于整体平动，柱面网壳屋盖不同位置节点的位移峰值连线接近直线。网壳屋盖的绝对位移和相对位移响应全部增大。在宝兴民治波、郫县走石山波和 Tianjin 波作用下，隔震结构的位移反应比 R_d 分别为 1.69、1.73 和 1.70。Tianjin 波因频率低，地面运动幅度大，在其激励下隔震网壳屋盖的位移很大。

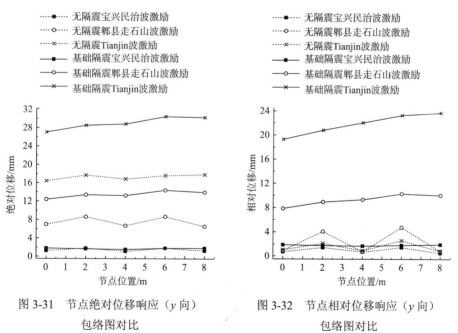

图 3-31　节点绝对位移响应（y 向）　　　　图 3-32　节点相对位移响应（y 向）
　　　　包络图对比　　　　　　　　　　　　　　包络图对比

图 3-33 为地震波沿 y 向输入时，隔震前后网壳模型的球节点 C 相对振动台面位移响应时程曲线，竖向虚线表示输入地震动峰值出现的时刻。可见，基础隔震使网壳模型振动频率降低而位移增大，并且模型刚度较弱的横向（y 向）变形显

著减小，如图 3-34 所示。

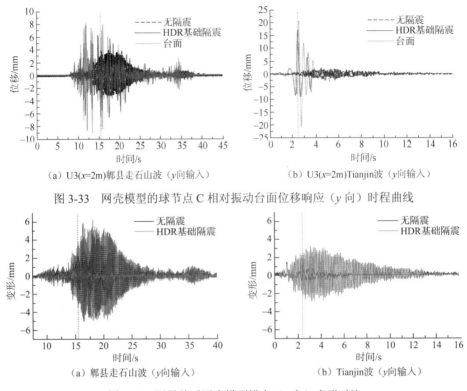

（a）U3(x=2m)郫县走石山波（y向输入）　　　　（b）U3(x=2m)Tianjin波（y向输入）

图 3-33　网壳模型的球节点 C 相对振动台面位移响应（y 向）时程曲线

（a）郫县走石山波（y向输入）　　　　　（b）Tianjin波（y向输入）

图 3-34　隔震前后网壳模型横向（y 向）变形对比

（3）结构模型应力变化

1）网壳杆件的应力。图 3-35 为 3 种地震波分别沿 y 向输入时，网壳模型杆件应力的分布情况及隔震前后杆件应力最大值的对比。无隔震时，受力最大的杆件均分布在横向刚度较大的位置，即三榀管桁架（x=0m、4m、8m）两侧；而在纵向的各段跨中处（x=2m、6m）虽然结构振动剧烈，但因刚度较小，结构可均匀变形，故应力处在较低水平。在这些地震波中，尤以郫县走石山波引起的结构杆件应力最大。

隔震后，不同位置的杆件应力接近，应力峰值显著减小，仅为隔震前的 1/7～1/3。效果最明显的是在郫县走石山波作用下中间管桁架右侧的两段纵向杆 S7 和 S7′，应力从隔震前（输入的试验波峰值为 3.1m/s²）的 170.4MPa 和 179.3MPa 降到（输入的试验波峰值为 4.0m/s²）24.4MPa 和 26.6MPa，在地震作用增大 29% 的情况下，应变仅为原值的 14% 和 15%。

2）支承柱底部的应力。图 3-36 为各位置支承柱底部应力的隔震效果。由于中间柱支承的结构附属面积较大，相应受到的水平地震作用也较大，因此其应力水平高于端部的柱子。采用 HDR 支座基础隔震后，支承柱根部的应力减小明显，处于纵轴方向不同位置的三排柱的应力水平接近，支座基础隔震能有效保护下部支承结构的安全。

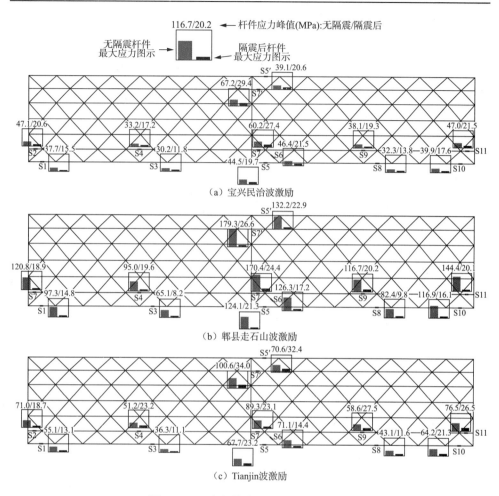

图 3-35　网壳杆件应力的对比（单向）

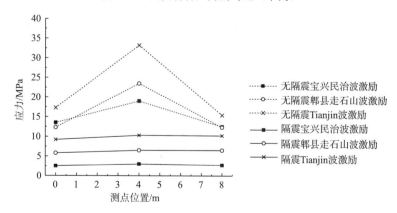

图 3-36　支承柱底部应力的隔震效果

（4）有限元分析

采用 MATLAB 语言，建立网壳结构的数值模型。设置常剪切应变三维 Timoshenko 梁单元的办法模拟隔震支座。以布置在振动台面的加速度传感器测得的加速度时程为激励，采用相对运动法（relative motion method，RMM）进行时程运算。结构各构件之间及支承柱与基础之间均假定为刚接。将加速度响应的计算结果列于表 3-11，计算值与试验值之差大部分在 8% 以内。

表 3-11　加速度响应的计算结果　　　　　　单位：m/s²

振动方向	节点编号	地震波	无隔震			HDR 基础隔震		
			试验值	计算值	误差/%	试验值	计算值	误差/%
y 向输入 y 向响应	节点 A	郫县走石山波	5.269	5.506	+4.5	3.377	3.144	−6.9
		Tianjin 波	7.994	7.698	−3.7	5.581	5.827	+4.4
	节点 C	郫县走石山波	14.021	14.610	+4.2	4.375	4.060	−7.2
		Tianjin 波	9.777	10.403	+6.4	6.053	6.253	+3.3
	节点 D	郫县走石山波	5.451	5.168	−5.2	3.748	3.471	−7.4
		Tianjin 波	8.878	8.683	−2.2	5.802	6.144	+5.9
	节点 E	郫县走石山波	16.905	15.299	−9.5	4.288	3.996	−6.8
		Tianjin 波	10.848	10.512	−3.1	6.223	6.578	+5.7
	节点 G	郫县走石山波	4.382	4.698	+7.2	3.869	3.621	−6.4
		Tianjin 波	5.562	5.912	+6.3	5.838	6.159	+5.5
x、y 向输入 y 向响应	节点 A	郫县走石山波	—	—	—	3.229	2.990	−7.4
		Tianjin 波	—	—	—	4.851	5.161	+6.4
	节点 C	郫县走石山波	—	—	—	3.950	3.642	−7.8
		Tianjin 波	—	—	—	5.014	5.285	+5.4
	节点 D	郫县走石山波	—	—	—	3.525	3.264	−7.4
		Tianjin 波	—	—	—	5.093	5.495	+7.9
	节点 E	郫县走石山波	—	—	—	4.270	3.916	−8.3
		Tianjin 波	—	—	—	5.365	5.537	+3.2
	节点 G	郫县走石山波	—	—	—	3.569	3.155	−11.6
		Tianjin 波	—	—	—	5.085	5.471	+7.6

2. 高位隔震单层柱面网壳隔震结构地震响应

HDR 高位隔震试验工况见表 3-12。

表 3-12　HDR 高位隔震试验工况

序号	输入地震动	x 向 PGA/（m/s²）	y 向 PGA/（m/s²）	视波速/（m/s）	隔震方式
1	宝兴民治波	—	4.0	一致	无
2	宝兴民治波	—	4.0	一致	HDR 高位
3	宝兴民治波	—	4.0	1000	HDR 高位
4	宝兴民治波	—	4.0	500	HDR 高位
5	宝兴民治波	3.4	4.0	一致	无
6	宝兴民治波	3.4	4.0	一致	HDR 高位
7	宝兴民治波	3.4	4.0	1000	HDR 高位
8	宝兴民治波	3.4	4.0	500	HDR 高位
9	郫县走石山波	—	2.2	一致	无
10	郫县走石山波	—	2.2	一致	HDR 高位
11	郫县走石山波	—	3.1	一致	无
12	郫县走石山波	—	4.0	一致	HDR 高位
13	郫县走石山波	—	4.0	1000	HDR 高位
14	郫县走石山波	—	4.0	500	HDR 高位
15	郫县走石山波	3.4	4.0	一致	HDR 高位
16	郫县走石山波	3.4	4.0	1000	HDR 高位
17	郫县走石山波	3.4	4.0	500	HDR 高位
18	郫县走石山波	—	6.2	一致	HDR 高位
19	Tianjin 波	—	4.0	一致	无
20	Tianjin 波	—	4.0	一致	HDR 高位
21	Tianjin 波	—	4.0	1000	HDR 高位
22	Tianjin 波	—	4.0	500	HDR 高位
23	Tianjin 波	—	4.0	250	HDR 高位
24	Tianjin 波	3.4	4.0	一致	HDR 高位
25	Tianjin 波	3.4	4.0	1000	HDR 高位
26	Tianjin 波	3.4	4.0	500	HDR 高位
27	Tianjin 波	3.4	4.0	250	HDR 高位
28	人工波（Ⅱ类）	—	4.0	一致	无
29	人工波（Ⅱ类）	—	4.0	一致	HDR 高位
30	人工波（Ⅱ类）	—	4.0	1000	HDR 高位
31	人工波（Ⅱ类）	—	4.0	500	HDR 高位
32	人工波（Ⅱ类）	3.4	4.0	一致	HDR 高位
33	人工波（Ⅱ类）	3.4	4.0	1000	HDR 高位
34	人工波（Ⅱ类）	3.4	4.0	500	HDR 高位

（1）结构模型加速度响应

图 3-37 为 HDR-078 支座高位隔震后网壳模型纵向边（$y=0\text{m}$）的加速度响应峰值。同一地震波作用下，网壳各位置节点的加速度响应接近，响应峰值降低明显，仅为隔震前的 1/8～1/2，这意味着隔震后网壳模型所承受的水平地震作用烈度接近降低 1～3 度。对属于近似基岩场地的宝兴民治波效果最佳，结构隔震后基本避开了地震波的主要能量段，节点 E 的加速度最大值从隔震前的 8.31m/s² 降至 1.26m/s²，隔震效果极为明显；对于周期较长的 Tianjin 波，采用剪切刚度较小的 HDR-078 型支座后隔震效果比前工况稍好，加速度响应降低一半以上。

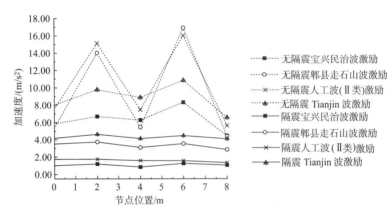

图 3-37　节点加速度响应（y 向）包络图对比

表 3-13 所示为沿 y 向震动的水平地震作用下，隔震前后结构模型部分球节点加速度响应放大系数 R_a 的对比，第 5 列取 3 个台面输出加速度的平均值进行计算。

表 3-13　无隔震与高位隔震单层柱面网壳加速度响应对比（y 向）

测点位置	结构状态	地震波	地震波主要频率段 ω/Hz	$R_a=a/a_g$
节点 B（$x=1.75\text{m}$，$y=0.75\text{m}$）	无隔震（基频 7.81Hz）	宝兴民治波	7.57～15.87	1.89
		郫县走石山波	1.95～13.18	1.91
		Tianjin 波	1.22～4.39	2.02
		人工波（Ⅱ类）	3.42～12.21	2.38
	高位隔震（基频 2.44Hz）	宝兴民治波	7.81～16.11	0.25
		郫县走石山波	1.95～13.18	0.85
		Tianjin 波	1.22～4.15	0.94
		人工波（Ⅱ类）	3.66～12.21	0.37

测点位置	结构状态	地震波	地震波主要频率段 ω/Hz	$R_a=a/a_g$
节点 C ($x=2$m, $y=0$m)	无隔震 （基频 7.81Hz）	宝兴民治波	7.57～15.87	2.09
		郫县走石山波	1.95～13.18	4.28
		Tianjin 波	1.22～4.39	2.13
		人工波（Ⅱ类）	3.42～12.21	3.96
	高位隔震 （基频 2.44Hz）	宝兴民治波	7.81～16.11	0.37
		郫县走石山波	1.95～13.18	0.94
		Tianjin 波	1.22～4.15	1.03
		人工波（Ⅱ类）	3.66～12.21	0.42
节点 D ($x=4$m, $y=0$m)	无隔震 （基频 7.81Hz）	宝兴民治波	7.57～15.87	1.96
		郫县走石山波	1.95～13.18	1.66
		Tianjin 波	1.22～4.39	1.94
		人工波（Ⅱ类）	3.42～12.21	1.95
	高位隔震 （基频 2.44Hz）	宝兴民治波	7.81～16.11	0.26
		郫县走石山波	1.95～13.18	0.78
		Tianjin 波	1.22～4.15	0.92
		人工波（Ⅱ类）	3.66～12.21	0.38

　　由于结构沿纵轴方向的柱间距较大，因此两条纵向边（$y=0$m、1.5m）跨中区域横向刚度较小。采用 HDR 支座高位隔震后，对此部分构件振动的控制效果明显。隔震后加速度响应峰值大幅度降低，对采自近似基岩场地的宝兴民治波，地震特征频率与隔震结构基频之比 ω/ω_n 在 3.2 以上，隔震使结构自振周期避开其主要能量段，对生成的人工波（Ⅱ类）的情况也类似，故这两条地震波作用下各节点的加速度放大系数 R_a 全部在 0.42 以下，隔震结构模型的震动微弱；对于郫县走石山波，隔震后在实际峰值 3.973m/s^2 水平地震（见表 3-12，工况 11）作用下的加速度响应峰值仅为无隔震结构在实际峰值 3.278m/s^2 水平地震（工况 12）作用下的相应值的 26.6%，纵向边上的节点 C 加速度峰值降至 3.733m/s^2，隔震的效果极为明显。

　　图 3-38 为在沿 y 向输入的地震波作用下，隔震网壳的球节点 C（$x=2$m, $y=0$m）的加速度响应时程曲线。在宝兴民治波、郫县走石山波、Tianjin 波和人工波（Ⅱ类）作用下，节点 C 的加速度响应峰值分别仅为无隔震情况的 17.9%、26.6%、47.2% 和 11.6%，且按前文所述，无隔震情况输入的郫县走石山波峰值尚且比隔震时小 17.5%。Tianjin 波和人工波（Ⅱ类）作用下，无隔震结构在地震动峰值过

后达到结构响应最大值的情况在隔震后没有出现，尤其在 Tianjin 波时极为明显。

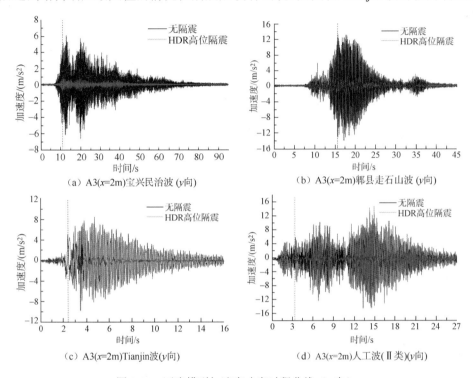

（a）A3(x=2m)宝兴民治波 (y向)　　　　　　（b）A3(x=2m)郫县走石山波 (y向)

（c）A3(x=2m)Tianjin波(y向)　　　　　　（d）A3(x=2m)人工波(Ⅱ类)(y向)

图 3-38　网壳模型加速度响应时程曲线（y 向）

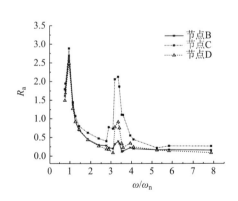

图 3-39　隔震网壳模型加速度放大系数 R_a
与频率比 ω/ω_n 的关系

对隔震网壳模型输入正弦波扫频，正弦波频率从 0.5Hz 逐渐增加至 20Hz，得到模型的加速度反应放大系数 R_a 与频率比 ω/ω_n 的关系（ω_n 是隔震结构的第 1 阶自振频率），如图 3-39 所示。由图 3-39 可以看出，在频率比 $\omega/\omega_n=1$ 附近，隔震结构与场地发生共振反应，R_a 达到最大值，为 2.5～2.9；随着 ω/ω_n 增大，R_a 逐渐降低，隔震效果越显著，R_a 最终趋近于 1/8；$\omega/\omega_n=2.8\sim4$ 时，R_a 曲线有一个向上的凸起，尤以纵向跨中处的节点 C 最为明显，R_a 达到 2.12，这是因为此频率段激起了结构高阶振型，该部分发生明显的局部振动。

（2）结构模型位移响应

图 3-40 和图 3-41 给出 4 种地震波作用下，HDR 支座高位隔震对柱面网壳模

型地震位移响应的改变。由图 3-40 和图 3-41 可见，隔震后网壳屋盖的绝对和相对位移响应全部增大，在郫县走石山波、Tianjin 波和人工波（Ⅱ类）作用下，隔震结构的 R_d 分别为 1.69、2.47、1.87 和 1.50。因隔震网壳模型中钢结构部分的水平刚度远大于 HDR 支座的水平剪切刚度，其中尤其以钢管支承柱的抗弯刚度较大，因此地震过程中模型的水平变形主要发生在橡胶支座处。将本节的动力响应值与无隔震结构对比，可以忽略隔震支座安装位置的不同，仅讨论支座刚度对加速度和位移响应（其值均用 A 表示）的影响，变化率可计算为

$$\delta = \frac{A_{支座HDR\text{-}078} - A_{支座HDR\text{-}060}}{A_{支座HDR\text{-}060}} \times 100\% \qquad (3\text{-}34)$$

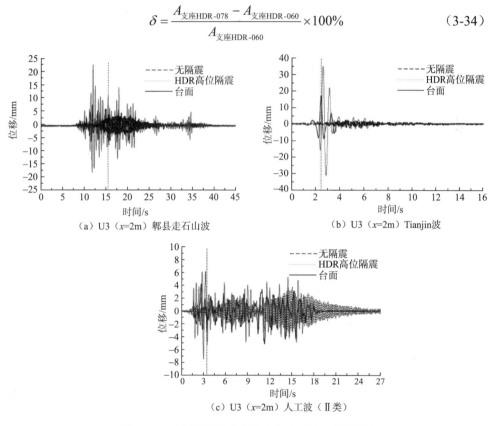

（a）U3（x=2m）郫县走石山波　　　　　　　（b）U3（x=2m）Tianjin波

（c）U3（x=2m）人工波（Ⅱ类）

图 3-40　网壳模型相对位移响应（y 向）时程曲线

图 3-40 和图 3-41 分别为地震波沿 y 向输入时，隔震前后网壳节点 C 的相对位移响应及网壳横向变形的时程曲线，竖向虚线表示输入地震动峰值出现的时刻。基础隔震使网壳模型振动频率降低而位移增大，模型刚度较弱的横向（y 向）变形显著减小。

统计结果列于表 3-14 中（因测量仪器精度问题，宝兴民治波的位移响应变化值不可靠，此处不做计算）。隔震支座刚度的减小，有利于更好地控制结构的加速度响应，但是结构的位移会显著增大。

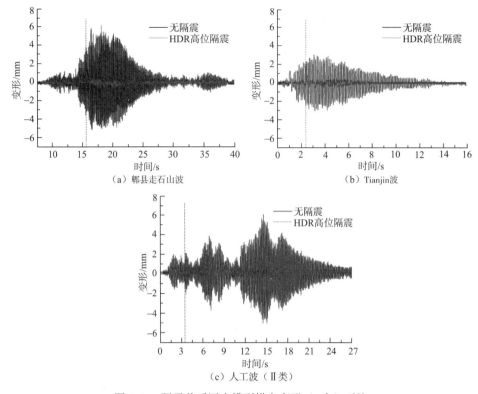

图 3-41　隔震前后网壳模型横向变形（y 向）对比

表 3-14　HDR-060 基础隔震与 HDR-078 高位隔震的节点响应对比（节点 D）

测量内容	地震波	测量值		变化率 δ/%
		支座 HDR-060	支座 HDR-078	
剪切刚度 K_h（剪应变 50%）/（kN/m）	—	52.45	29.79	−43.2
	宝兴波	0.59	0.26	−55.9
加速度放大系数 R_a	郫县走山石波	0.93	0.78	−16.1
	Tianjin 波	1.27	0.92	−27.6
位移反应放大比 R_d	宝兴波	1.69	1.69	0
	郫县走山石波	1.73	2.47	42.8
	Tianjin 波	1.70	1.87	10.0

（3）结构模型应力变化

1）网壳杆件应力对比。图 3-42 给出了地震波沿 y 向振动时，网壳模型的杆件应力分布情况。无隔震结构在不同地震波作用下的杆件应力相差明显，以郫县走石山波和人工波（Ⅱ类）引起的应力最大。隔震后，不同地震波作用下的结构应力水平接近，同一地震波工况下不同位置杆件的应力相差不大，应力峰值显著减小，仅为隔震前的 1/8～1/3。由于本节所用的 HDR 支座水平剪切刚度较 HDR-060 支座小，隔震后结构的应力进一步降低。

2）支承柱底部应力对比。图 3-43 所示为 HDR 支座高位隔震后各支承柱底部应力对比。相对于基础隔震，在隔震橡胶支座水平剪切刚度更低的情况下，高位隔震方案对柱底部受力降低的效果更弱。

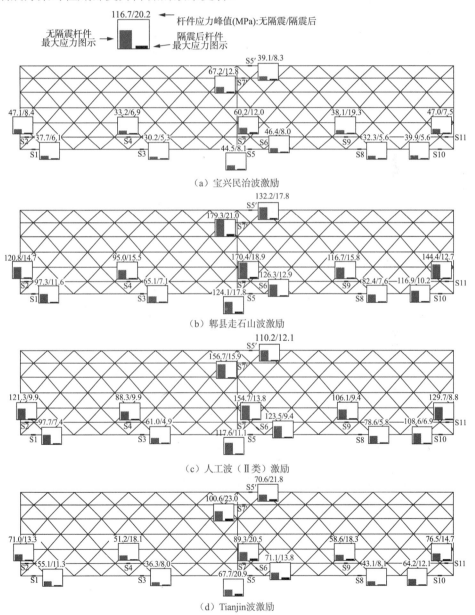

（a）宝兴民治波激励

（b）郫县走石山波激励

（c）人工波（Ⅱ类）激励

（d）Tianjin波激励

图 3-42 网壳杆件应力对比（y 向）

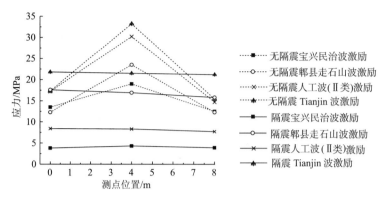

图 3-43　支承柱底部应力对比

（4）有限元分析

对 HDR 支座高位隔震网壳模型的地震动响应进行数值分析，由表 3-15 可知，数值计算结果与试验值吻合良好。

表 3-15　节点加速度峰值　　　　　　　　单位：m/s²

振动方向	节点编号	地震波	无隔震			HDR 高位隔震		
			试验值	计算值	误差/%	试验值	计算值	误差/%
y 向输入 y 向响应	节点 A (x=0m, y=0m)	郫县走石山波	5.269	5.506	+4.5	3.512	3.182	−9.4
		Tianjin 波	7.994	7.698	−3.7	4.171	4.350	+4.3
	节点 C (x=2m, y=0m)	郫县走石山波	14.021	14.610	+4.2	3.733	3.449	−7.6
		Tianjin 波	9.777	10.403	+6.4	4.615	4.910	+6.4
	节点 D (x=4m, y=0m)	郫县走石山波	5.451	5.168	−5.2	3.106	2.842	−8.5
		Tianjin 波	8.878	8.683	−2.2	4.132	4.409	+6.7
	节点 E (x=6m, y=0m)	郫县走石山波	16.905	15.299	−9.5	3.539	3.419	−3.4
		Tianjin 波	10.848	10.512	−3.1	4.462	4.814	+7.9
	节点 G (x=8m, y=0m)	郫县走石山波	4.382	4.698	+7.2	2.840	2.616	−7.9
		Tianjin 波	5.562	5.912	+6.3	4.077	4.366	+7.1
x、y 向输入 y 向响应	节点 A (x=0m, y=0m)	郫县走石山波	—	—	—	2.796	2.488	−11.0
		Tianjin 波	—	—	—	3.633	3.898	+7.3
	节点 C (x=2m, y=0m)	郫县走石山波	—	—	—	3.070	2.864	−6.7
		Tianjin 波	—	—	—	3.783	4.048	+7.0

续表

振动方向	节点编号	地震波	无隔震			HDR 高位隔震		
			试验值	计算值	误差/%	试验值	计算值	误差/%
x、y 向输入 y 向响应	节点 D (x=4m, y=0m)	郫县走石山波	—	—	—	2.580	2.356	−8.7
		Tianjin 波	—	—	—	3.578	3.861	+7.9
	节点 E (x=6m, y=0m)	郫县走石山波	—	—	—	3.004	2.806	−6.6
		Tianjin 波	—	—	—	3.887	4.268	+9.8
	节点 G (x=8m, y=0m)	郫县走石山波	—	—	—	2.287	2.074	−9.3
		Tianjin 波	—	—	—	3.340	3.594	+7.6

本 章 小 结

本章提出抗拔型三维隔震支座，并阐明其构造和工作原理，对其滞回性能进行了参数化分析；将抗拔型三维隔震支座应用于大跨空间结构隔震控制，提出抗拔型三维隔震支座在大跨空间结构中的设计方法，针对大跨空间单层柱面网壳隔震结构的抗震性能开展了振动台试验研究。本章主要结论如下。

1）碟簧-高阻尼橡胶三维复合隔震支座水平隔震采用高阻尼橡胶支座，竖向隔震利用碟簧组并联。对三维隔震支座在不同剪应变、不同加载频率下支座的隔震性能试验研究显示，三维隔震支座滞回曲线饱满，在大变形情况下仍具有一定的耗能能力，其力学性能稳定。

2）进行水平隔震设计时，应先根据竖向承载力确定水平等效刚度、水平剪切位移等，进一步确定材料和橡胶层总厚度和平面尺寸，验算是否满足静力要求，最终确定形状系数和单层橡胶厚度。进行竖向隔震设计时，应首先选定碟簧的 X_0/t，进一步依据空间情况确定碟簧的 D 或 d，以及碟簧厚度，根据承载力和变形量要求确定碟簧片数和组合方式，最终确定预压变形量。

3）单层柱面网壳采用 HDR 支座进行基础隔震后，加速度响应峰值大幅度降低，对于近似基岩场地的宝兴民治波，支座隔震使结构自振周期基本避开了地震波的主要能量段，隔震效果非常明显；而处于软弱场地的 Tianjin 波其周期较长，隔震后网壳结构的自振频率仍与地震波较接近，隔震效果不是很理想。地震波的频谱特性对隔震效果的影响很大。

参 考 文 献

[1] 高佳玉. 碟簧-高阻尼橡胶三维复合隔震支座研究 [D]. 北京：北京工业大学，2018.

[2] 梁栓柱. 抗拔型高阻尼橡胶-碟簧三维隔震支座力学性能研究 [D]. 北京：北京工业大学，2019.

[3] 刘文光，韩强，杨巧荣，等. 建筑橡胶支座拉伸性能的计算模型与评价准则 [J]. 沈阳建筑大学学报（自然科学版），2005（5）：81-84.

[4] 中华人民共和国国家质量监督检验检疫总局，中国国家标准化管理委员会. 橡胶支座第 1 部分隔震橡胶支座试验方法：GB 20688.1—2007 [S]. 北京：人民交通出版社，2009.

[5] 中华人民共和国交通运输部. 公路桥梁高阻尼隔震橡胶支座：JT/T 842—2012 [S].北京：人民交通出版社，2012.

[6] 中华人民共和国国家质量监督检验检疫总局，中国国家标准化管理委员会. 碟形弹簧：GB/T 1972—2005 [S]. 北京：地震出版社，2006.

[7] 单明岳，李雄彦，薛素铎. 单层柱面网壳结构 HDR 支座隔震性能试验研究 [J]. 空间结构，2017，23（3）：53-59.

[8] 黄襄云. 层间隔震减震结构的理论分析和振动台试验研究 [D]. 西安：西安建筑科技大学，2008.

第4章 多维减振阻尼器减振新体系及减振性能研究

4.1 多维减振阻尼器的概念设计

随着结构振动控制技术的逐渐兴起，阻尼器减振技术在土木工程的结构减振领域得到广泛应用。学者们针对阻尼器进行了大量的研究，研究成果对高层及超高层建筑的抗震设计具有指导意义。但目前已有的阻尼器大都仅能抵抗一维方向的拉压作用，应用于结构中支撑构件的减振，且主要适用于高层及超高层建筑。与高层、超高层建筑结构中的支撑构件不同，大跨空间结构由于结构布局的多维性和所受荷载的多维性，其结构响应具有明显的多维特征；对于单层网格形式的大跨空间结构，结构构件通常受"弯矩-轴力"多维内力组合作用；仅具有抵抗一维方向拉压作用的阻尼器在复杂受力状态下的减振耗能效果一般，不能完全适用于大跨空间结构。因此，目前已有的阻尼器很难满足大跨空间结构的多维振动控制要求。

基于上述原因，本章提出一种适用于大跨空间结构的新型多维减振阻尼器构造，并对其力学性能进行分析[1]。该多维减振阻尼器参考 Stewart 机构，为六自由度并联机构，由法兰盘、连接耳板、阻尼元件 3 个部分组成。如图 4-1 所示，阻尼元件包含十字万向轴、连接杆、活塞杆、阻尼元件缸体和轴承。

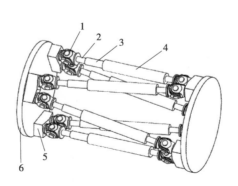

（a）多维减振阻尼器三维图

图 4-1　多维减振阻尼器

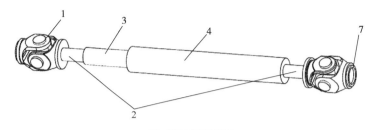

（b）阻尼元件三维图

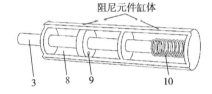

（c）阻尼元件缸体的内部构造

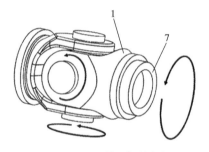

（d）阻尼元件连接处详图

1—十字万向轴；2—连接杆；3—活塞杆；4—阻尼元件缸体；5—连接耳板；6—法兰盘；

7—轴承；8—油腔；9—阻尼孔；10—弹簧。

图 4-1（续）

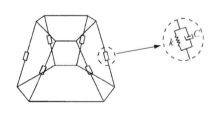

图 4-2　Stewart 机构

Stewart 机构于 1965 年由德国学者 Stewart 提出，如图 4-2 所示。它包含上、下 2 个平台及 6 个可伸缩运动的分支，上、下平台通过 6 个可伸缩运动的分支相连，每个分支的两端是两个球铰，中间是一个运动副。其中 k 和 C 分别表示每个分支的刚度和阻尼系数。Stewart 机构是一种经典的并联机构，与串联机构相比，具有结构稳定、刚度大、承载能力强、精度高、位置误差不累计、惯性小等优点，通过最紧凑的结构形式实现空间上的多维运动，在应用功能上可以与串联机构形成互补。Stewart 机构广泛应用于飞行模拟、海底作业、地下开采、制造装配、航空航海设备摇摆模拟及车辆道路模拟等领域，但在建筑减振领域中尚没有得到应用。

如图 4-1（a）所示，法兰盘共 2 片，连接耳板共 6 个；每片法兰盘上布置 3 个连接耳板，呈三角形分布，且距法兰盘轴心线的距离相等。如图 4-1（b）所示，十字万向轴、连接杆、活塞杆、阻尼元件缸体同轴心线布置，共同组成阻尼元件，从左到右布置的顺序依次为轴承十字万向轴、连接杆、活塞杆、阻尼元件缸体、连接杆、十字万向轴、轴承。阻尼元件共 6 根，每根阻尼元件均通过连接耳板布置在两片法兰盘之间。轴承位于阻尼元件与连接耳板之间，与两者接触连接。如图 4-1（c）所示，阻尼元件内部含有黏滞阻尼器和弹簧，既具有静力轴向刚度，又具有动力耗能效果，属于黏弹性元件。在图 4-1（d）中，十字万向轴可释放垂直于阻尼元件轴线方向的两个弯曲转动自由度，轴承可释放绕阻尼元件轴线方向的扭转转动自由度。通过十字万向轴及轴承，可释放阻尼元件 3 个方向的转动自由度，确保阻尼元件不承受任意方向的弯矩荷载，仅承受拉压力作用。

这种构造形式实现了在较小空间内多阻尼元件的并联，将外部多维复杂变形及荷载转化为每个阻尼元件的拉压变形及轴向力，采用较少阻尼元件实现多维减振，较传统阻尼器相比可提供更高的附加阻尼；内部每相邻的两个阻尼元件均可与法兰盘组成一个稳定的体系，使阻尼器整体形成一个稳定的结构体系，从而能够承受复杂荷载所产生的各个方向的内力，适用于大跨空间结构。

为验证多维减振阻尼器工作原理的合理性，采用 SolidWorks 对阻尼器进行三维建模，并开展运动学分析，如图 4-3 所示。图 4-3（a）～（d）依次为阻尼器在初始状态、受轴力 F_z 作用、受弯矩 M_y 作用和受扭矩 M_z 作用下的运动效果。由图 4-3 可知，在外部多维复杂荷载的作用下，每个阻尼元件在运动过程中都不会发生弯曲，并且均会沿着自身的轴心线运动。多维减振阻尼器可以正常进行工作，实现利用阻尼元件轴向运动实现阻尼器多维变形的目的。

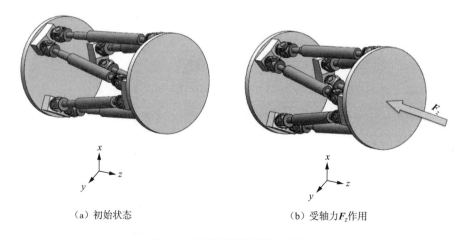

（a）初始状态　　　　　　　　　　（b）受轴力 F_z 作用

图 4-3　多维减振阻尼器工作原理

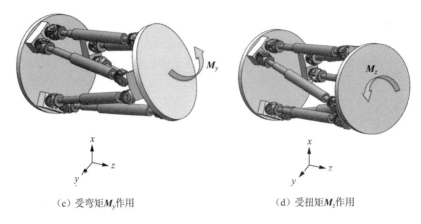

（c）受弯矩M_y作用　　　　　　　　　　（d）受扭矩M_z作用

图 4-3（续）

4.2　多维减振阻尼器的理论模型和力学性能

4.2.1　多维减振阻尼器力学模型

　　为分析多维减振阻尼器的力学模型，先将阻尼器模型按照图 4-4 进行简化，模型中的杆件（图4-5）均只与两个节点相连。

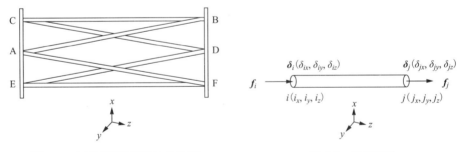

图 4-4　多维减振阻尼器结构简图　　　　　　图 4-5　单根杆件

　　以单根杆件ij为例，杆件ij两端的轴向力f_i、f_j与位移δ_i、δ_j的关系如下：

$$f_i = \frac{EA}{l_{ij}}(\delta_i - \delta_j) \tag{4-1}$$

$$f_j = \frac{EA}{l_{ij}}(\delta_j - \delta_i) \tag{4-2}$$

式中，l_{ij}为杆件ij的长度；E为弹性模量；A为杆件ij的截面面积；δ_i与δ_j分别为节点i与j的位移；f_i与f_j分别为节点i与j的轴向力。

将式（4-1）和式（4-2）写成矩阵的形式：

$$\begin{bmatrix} \boldsymbol{f}_i \\ \boldsymbol{f}_j \end{bmatrix} = \boldsymbol{K}_{ij} \begin{bmatrix} \boldsymbol{\delta}_i \\ \boldsymbol{\delta}_j \end{bmatrix} \tag{4-3}$$

式中，$\boldsymbol{K}_{ij}$ 为单元刚度矩阵，如下：

$$\boldsymbol{K}_{ij} = \frac{EA}{l_{ij}} \begin{bmatrix} 1 & -1 \\ -1 & 1 \end{bmatrix} \tag{4-4}$$

将节点与位移分别表示为 x 轴、y 轴、z 轴 3 个方向，即

$$\begin{bmatrix} f_{ix} \\ f_{iy} \\ f_{iz} \\ f_{jx} \\ f_{jy} \\ f_{jz} \end{bmatrix} = \begin{bmatrix} \cos\alpha & 0 \\ \cos\beta & 0 \\ \cos\gamma & 0 \\ 0 & \cos\alpha \\ 0 & \cos\beta \\ 0 & \cos\gamma \end{bmatrix} \begin{bmatrix} \boldsymbol{f}_i \\ \boldsymbol{f}_j \end{bmatrix} \tag{4-5}$$

$$\begin{bmatrix} \delta_{ix} \\ \delta_{iy} \\ \delta_{iz} \\ \delta_{jx} \\ \delta_{jy} \\ \delta_{jz} \end{bmatrix} = \begin{bmatrix} \cos\alpha & 0 \\ \cos\beta & 0 \\ \cos\gamma & 0 \\ 0 & \cos\alpha \\ 0 & \cos\beta \\ 0 & \cos\gamma \end{bmatrix} \begin{bmatrix} \boldsymbol{\delta}_i \\ \boldsymbol{\delta}_j \end{bmatrix} \tag{4-6}$$

式中，f_{ix}、f_{iy}、f_{iz}、f_{jx}、f_{jy}、f_{jz} 分别为 $\boldsymbol{f}_i$、$\boldsymbol{f}_j$ 在 x 轴、y 轴、z 轴上的分力；δ_{ix}、δ_{iy}、δ_{iz}、δ_{jx}、δ_{jy}、δ_{jz} 分别为 $\boldsymbol{\delta}_i$、$\boldsymbol{\delta}_j$ 在 x 轴、y 轴、z 轴上的位移分量；α、β、γ 分别为力与位移在矢量方向与 x 轴、y 轴、z 轴所成的夹角。

令 l、m、n 表示杆件 ij 与坐标轴夹角的方向余弦，并推导杆件 ij 在整体坐标系中的单元刚度矩阵，即

$$\begin{cases} l = \cos\alpha = \dfrac{x_j - x_i}{l_{ij}} \\[3mm] m = \cos\beta = \dfrac{y_j - y_i}{l_{ij}} \\[3mm] n = \cos\gamma = \dfrac{z_j - z_i}{l_{ij}} \end{cases} \tag{4-7}$$

可以得到杆件 ij 在整体坐标系中的单元刚度矩阵为

$$K_{ij} = \frac{EA}{l_{ij}} \begin{bmatrix} l^2 & lm & ln & -l^2 & -lm & -ln \\ lm & m^2 & mn & -lm & -m^2 & -mn \\ ln & mn & n^2 & -ln & -mn & -n^2 \\ -l^2 & -lm & -ln & l^2 & -lm & ln \\ -lm & -m^2 & -mn & lm & m^2 & mn \\ -ln & -mn & -n^2 & ln & mn & n^2 \end{bmatrix} \qquad (4\text{-}8)$$

将式（4-8）的 6×6 矩阵分解成 4 个 3×3 的矩阵，即

$$K_{ij} = \begin{bmatrix} K_{ii} & K_{ij} \\ K_{ji} & K_{jj} \end{bmatrix} \qquad (4\text{-}9)$$

式中，K_{ij}、K_{ji} 分别为杆件 ij 由于 j 端和 i 端发生单位位移在 i 端、j 端产生的内力；K_{ii}、K_{jj} 分别为杆件 ij 由于 i 端和 j 端发生单位位移在 i 端、j 端产生的内力。

$$K_{ii} = K_{jj} = -K_{ij} = -K_{ji} = \frac{EA}{l_{ij}} \begin{bmatrix} l^2 & lm & ln \\ lm & m^2 & mn \\ ln & mn & n^2 \end{bmatrix} \qquad (4\text{-}10)$$

因此，式（4-3）可表示为

$$\begin{bmatrix} f_i \\ f_j \end{bmatrix} = \begin{bmatrix} K_{ii} & K_{ij} \\ K_{ji} & K_{jj} \end{bmatrix} \begin{bmatrix} \delta_i \\ \delta_j \end{bmatrix} \qquad (4\text{-}11)$$

式中，f_i、f_j 分别为杆件 ij 在杆端的内力矩阵，$f_i = \begin{bmatrix} f_{ix} & f_{iy} & f_{iz} \end{bmatrix}^{\mathrm{T}}$，$f_j = \begin{bmatrix} f_{jx} & f_{jy} & f_{jz} \end{bmatrix}^{\mathrm{T}}$；$\delta_i$、$\delta_j$ 分别为杆件 ij 在杆端的位移矩阵，$\delta_i = \begin{bmatrix} \delta_{ix} & \delta_{iy} & \delta_{iz} \end{bmatrix}^{\mathrm{T}}$，$\delta_j = \begin{bmatrix} \delta_{jx} & \delta_{jy} & \delta_{jz} \end{bmatrix}^{\mathrm{T}}$。

由杆件 ij 的单元刚度矩阵可以建立结构总刚度矩阵。以相交于 i 节点两根杆件 $i1$、$i2$ 为例，列出其位移协调方程、平衡方程和物理方程。

位移协调方程如下：

$$\delta_i^1 = \delta_i^2 = \begin{bmatrix} \delta_{ix} & \delta_{iy} & \delta_{iz} \end{bmatrix}^{\mathrm{T}} \qquad (4\text{-}12)$$

式中，δ_i^1、δ_i^2 分别为杆件 $i1$、杆件 $i2$ 的 i 端位移矩阵。

由式（4-12）可知，连接在同一节点 i 上的两根杆件在 i 端的位移都相等。

平衡方程如下：

$$f_i^1 + f_i^2 + F_i = 0 \qquad (4\text{-}13)$$

式中，f_i^1、f_i^2 分别为杆件 $i1$、杆件 $i2$ 的 i 端内力矩阵；F_i 为作用在 i 节点上的外荷载。

由式（4-13）可知，汇交于同一节点 i 上的两根杆件，i 端的内力与作用于 i 节点上的外荷载力大小相等且方向相反。由式（4-11）可得到物理方程，如下：

$$\begin{cases} \boldsymbol{f}_i^1 = \boldsymbol{K}_{ii}^1 \boldsymbol{\delta}_i + \boldsymbol{K}_{i1} \boldsymbol{\delta}_1 \\ \boldsymbol{f}_i^2 = \boldsymbol{K}_{ii}^2 \boldsymbol{\delta}_i + \boldsymbol{K}_{i2} \boldsymbol{\delta}_2 \end{cases} \tag{4-14}$$

由此可得阻尼器的位移协调方程、平衡方程和物理方程。位移协调方程如下：

$$\begin{cases} \boldsymbol{\delta}_A^B = \boldsymbol{\delta}_A^F = [\delta_{Ax} \quad \delta_{Ay} \quad \delta_{Az}]^T \\ \boldsymbol{\delta}_B^A = \boldsymbol{\delta}_B^C = [\delta_{Bx} \quad \delta_{By} \quad \delta_{Bz}]^T \\ \boldsymbol{\delta}_C^B = \boldsymbol{\delta}_C^D = [\delta_{Cx} \quad \delta_{Cy} \quad \delta_{Cz}]^T \\ \boldsymbol{\delta}_D^C = \boldsymbol{\delta}_D^E = [\delta_{Dx} \quad \delta_{Dy} \quad \delta_{Dz}]^T \\ \boldsymbol{\delta}_E^D = \boldsymbol{\delta}_E^F = [\delta_{Ex} \quad \delta_{Ey} \quad \delta_{Ez}]^T \\ \boldsymbol{\delta}_F^A = \boldsymbol{\delta}_F^E = [\delta_{Fx} \quad \delta_{Fy} \quad \delta_{Fz}]^T \end{cases} \tag{4-15}$$

平衡方程如下：

$$\begin{cases} \boldsymbol{f}_A^B + \boldsymbol{f}_A^F + \boldsymbol{F}_A = 0 \\ \boldsymbol{f}_B^A + \boldsymbol{f}_B^C + \boldsymbol{F}_B = 0 \\ \boldsymbol{f}_C^B + \boldsymbol{f}_C^D + \boldsymbol{F}_C = 0 \\ \boldsymbol{f}_D^C + \boldsymbol{f}_D^E + \boldsymbol{F}_D = 0 \\ \boldsymbol{f}_E^D + \boldsymbol{f}_E^F + \boldsymbol{F}_E = 0 \\ \boldsymbol{f}_F^A + \boldsymbol{f}_F^E + \boldsymbol{F}_F = 0 \end{cases} \tag{4-16}$$

物理方程如下：

$$\begin{cases} \boldsymbol{f}_A^B = \boldsymbol{K}_{AA}^B \boldsymbol{\delta}_A + \boldsymbol{K}_{AB} \boldsymbol{\delta}_B \\ \boldsymbol{f}_A^F = \boldsymbol{K}_{AA}^F \boldsymbol{\delta}_A + \boldsymbol{K}_{AF} \boldsymbol{\delta}_F \end{cases} \tag{4-17}$$

$$\begin{cases} \boldsymbol{f}_B^A = \boldsymbol{K}_{BB}^A \boldsymbol{\delta}_B + \boldsymbol{K}_{BA} \boldsymbol{\delta}_A \\ \boldsymbol{f}_B^C = \boldsymbol{K}_{BB}^H \boldsymbol{\delta}_B + \boldsymbol{K}_{BH} \boldsymbol{\delta}_H \end{cases} \tag{4-18}$$

$$\begin{cases} \boldsymbol{f}_C^D = \boldsymbol{K}_{CC}^D \boldsymbol{\delta}_C + \boldsymbol{K}_{CD} \boldsymbol{\delta}_D \\ \boldsymbol{f}_C^B = \boldsymbol{K}_{CC}^B \boldsymbol{\delta}_C + \boldsymbol{K}_{CB} \boldsymbol{\delta}_B \end{cases} \tag{4-19}$$

$$\begin{cases} \boldsymbol{f}_D^C = \boldsymbol{K}_{DD}^C \boldsymbol{\delta}_D + \boldsymbol{K}_{DC} \boldsymbol{\delta}_C \\ \boldsymbol{f}_D^E = \boldsymbol{K}_{DD}^E \boldsymbol{\delta}_D + \boldsymbol{K}_{DE} \boldsymbol{\delta}_E \end{cases} \tag{4-20}$$

$$\begin{cases} \boldsymbol{f}_E^F = \boldsymbol{K}_{EE}^F \boldsymbol{\delta}_E + \boldsymbol{K}_{EF} \boldsymbol{\delta}_F \\ \boldsymbol{f}_E^D = \boldsymbol{K}_{EE}^D \boldsymbol{\delta}_E + \boldsymbol{K}_{ED} \boldsymbol{\delta}_D \end{cases} \tag{4-21}$$

$$\begin{cases} \boldsymbol{f}_F^E = \boldsymbol{K}_{FF}^E \boldsymbol{\delta}_F + \boldsymbol{K}_{FE} \boldsymbol{\delta}_E \\ \boldsymbol{f}_F^A = \boldsymbol{K}_{FF}^A \boldsymbol{\delta}_F + \boldsymbol{K}_{FA} \boldsymbol{\delta}_A \end{cases} \tag{4-22}$$

其中，阻尼器的物理方程式（4-17）～式（4-22）又可表示为

$$
\begin{bmatrix} \boldsymbol{f}_{\mathrm{A}} \\ \boldsymbol{f}_{\mathrm{B}} \\ \boldsymbol{f}_{\mathrm{C}} \\ \boldsymbol{f}_{\mathrm{D}} \\ \boldsymbol{f}_{\mathrm{E}} \\ \boldsymbol{f}_{\mathrm{F}} \end{bmatrix} = \begin{bmatrix} \boldsymbol{K}_{\mathrm{AA}}^{\mathrm{B}} & \boldsymbol{K}_{\mathrm{AB}} & & & & \\ \boldsymbol{K}_{\mathrm{BA}} & \boldsymbol{K}_{\mathrm{BB}}^{\mathrm{A}} & & & & \\ & & \boldsymbol{K}_{\mathrm{CC}}^{\mathrm{D}} & \boldsymbol{K}_{\mathrm{CD}} & & \\ & & \boldsymbol{K}_{\mathrm{DC}} & \boldsymbol{K}_{\mathrm{DD}}^{\mathrm{C}} & & \\ & & & & \boldsymbol{K}_{\mathrm{EE}}^{\mathrm{F}} & \boldsymbol{K}_{\mathrm{EF}} \\ & & & & \boldsymbol{K}_{\mathrm{FE}} & \boldsymbol{K}_{\mathrm{FF}}^{\mathrm{E}} \end{bmatrix} \begin{bmatrix} \boldsymbol{\delta}_{\mathrm{A}} \\ \boldsymbol{\delta}_{\mathrm{B}} \\ \boldsymbol{\delta}_{\mathrm{C}} \\ \boldsymbol{\delta}_{\mathrm{D}} \\ \boldsymbol{\delta}_{\mathrm{E}} \\ \boldsymbol{\delta}_{\mathrm{F}} \end{bmatrix}
$$
$$
+ \begin{bmatrix} \boldsymbol{K}_{\mathrm{AA}}^{\mathrm{F}} & & & & & \\ & \boldsymbol{K}_{\mathrm{BB}}^{\mathrm{C}} & \boldsymbol{K}_{\mathrm{BC}} & & & \\ & \boldsymbol{K}_{\mathrm{CB}} & \boldsymbol{K}_{\mathrm{CC}}^{\mathrm{B}} & & & \\ & & & \boldsymbol{K}_{\mathrm{DD}}^{\mathrm{E}} & \boldsymbol{K}_{\mathrm{DE}} & \\ & & & \boldsymbol{K}_{\mathrm{ED}} & \boldsymbol{K}_{\mathrm{EE}}^{\mathrm{D}} & \\ & & & & & \boldsymbol{K}_{\mathrm{FF}}^{\mathrm{A}} \end{bmatrix} \begin{bmatrix} \boldsymbol{\delta}_{\mathrm{A}} \\ \boldsymbol{\delta}_{\mathrm{B}} \\ \boldsymbol{\delta}_{\mathrm{C}} \\ \boldsymbol{\delta}_{\mathrm{D}} \\ \boldsymbol{\delta}_{\mathrm{E}} \\ \boldsymbol{\delta}_{\mathrm{F}} \end{bmatrix} \qquad (4\text{-}23)
$$

式（4-15）～式（4-23）中其上下角标的标注方法与前文相同。根据上述公式，并结合螺旋理论[2]，可知阻尼器受静力作用时内力与外力的平衡关系为

$$
\begin{cases} \boldsymbol{F} = \boldsymbol{G} \cdot \boldsymbol{f} \\ \boldsymbol{f} = \boldsymbol{k} \cdot \Delta \boldsymbol{l} \end{cases} \qquad (4\text{-}24)
$$

$$
\boldsymbol{G} = \begin{bmatrix} \dfrac{a_1 - A_1}{|a_1 - A_1|} & \dfrac{a_2 - A_2}{|a_2 - A_2|} & \dfrac{a_3 - A_3}{|a_3 - A_3|} \\[3mm] \dfrac{a_1 \times (a_1 - A_1)}{|a_1 - A_1|} & \dfrac{a_2 \times (a_2 - A_2)}{|a_2 - A_2|} & \dfrac{a_3 \times (a_3 - A_3)}{|a_3 - A_3|} \\[4mm] \dfrac{a_4 - A_4}{|a_4 - A_4|} & \dfrac{a_5 - A_5}{|a_5 - A_5|} & \dfrac{a_6 - A_6}{|a_6 - A_6|} \\[3mm] \dfrac{a_4 \times (a_4 - A_4)}{|a_4 - A_4|} & \dfrac{a_5 \times (a_5 - A_5)}{|a_5 - A_5|} & \dfrac{a_6 \times (a_6 - A_6)}{|a_6 - A_6|} \end{bmatrix} \qquad (4\text{-}25)
$$

式中，$\boldsymbol{F}$ 为总外力，其可分解为坐标轴 x、y、z 3 个方向上的轴力和弯矩；$\boldsymbol{f}$ 为内部 6 个阻尼元件所受分力；$\boldsymbol{G}$ 为静力影响系数矩阵；$\boldsymbol{k}$ 为 6 个阻尼元件的刚度矩阵；$\Delta \boldsymbol{l}$ 为 6 个阻尼元件的位移矩阵；$\dfrac{a_i \times (a_i - A_i)}{|a_i - A_i|}$ 为力对点取矩。

4.2.2 多维减振阻尼器力学性能参数化分析

1. 多维减振阻尼器静力性能有限元分析

采用 ABAQUS 有限元软件进行建模，法兰盘与连接耳板设置为实体单元，十字万向轴与轴承部分简化为刚性球铰。内部的阻尼元件从左到右依次为梁单元（B31

单元)、弹簧阻尼单元（SpringA 单元)、梁单元（B31 单元)。阻尼器长 1032mm；法兰盘直径 540mm，厚 32mm。弹簧连接在两个梁单元之间，对弹簧添加约束，使其只能沿阻尼元件的轴向运动。梁单元与耳板连接处耦合为球铰。多维减振阻尼器有限元静力模型如图 4-6 所示。

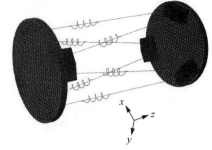

采用静力通用分析步，加载方式为施加位移和转角。以阻尼元件刚度取 $k=5×10^5$N/m，

图 4-6　多维减振阻尼器有限元静力模型

法兰盘沿轴向位移 20mm，以及翻转 15°和扭转 15°为例，可得到阻尼器在静力作用下的荷载 F_z-位移 U 曲线、弯矩 M_y-转角 θ 曲线及扭矩 M_z-转角 θ 曲线，如图 4-7 所示。

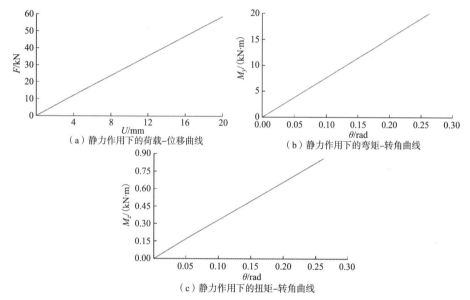

（a）静力作用下的荷载-位移曲线

（b）静力作用下的弯矩-转角曲线

（c）静力作用下的扭矩-转角曲线

图 4-7　静力作用下的荷载-位移曲线、弯矩-转角曲线和扭矩-转角曲线

利用 MATLAB 程序求解式（4-24）和式（4-25)，得到阻尼器静力刚度理论解，输入阻尼元件刚度 $k=5×10^5$N/m，轴向位移 20mm，以及翻转 15°和扭转 15°，将结果与 ABAQUS 的仿真解进行对比，见表 4-1。

表 4-1　阻尼器的轴向刚度、弯曲刚度和扭转刚度

计算方法	轴向刚度/（N/m）	弯曲刚度/（N·m/rad）	扭转刚度/（N·m/rad）
ABAQUS 数值解	$2.932×10^6$	$7.036×10^4$	$3.285×10^3$
MATLAB 理论解	$2.925×10^6$	$6.914×10^4$	$3.193×10^3$
误差/%	−0.24	−1.73	−2.80

由表 4-1 可知，两者计算结果吻合，表明了 ABAQUS 有限元软件中计算结果的正确性：当阻尼元件刚度 $k=5×10^5$N/m 时，阻尼器的轴向刚度为 $2.932×10^6$N/m，弯曲刚度为 $7.036×10^4$N·m/rad，扭转刚度为 $3.285×10^3$N·m/rad。

由此可知，该新型阻尼器在各方向上均具有一定的刚度，可满足结构正常使用需求，其刚度由内部的阻尼元件决定；内部每相邻的两个阻尼元件均可与法兰盘组成一个稳定的体系，使阻尼器整体形成一个稳定的结构体系，且在多维静力作用下能够承受一定的荷载。

2. 多维减振阻尼器动力性能有限元分析

由于单层网格形式的大跨空间结构其结构构件主要受轴力和弯矩作用，因此采用 ABAQUS 进行建模，对在动力荷载激励条件下受轴力与弯矩作用时，多维减振阻尼器的耗能减振能力进行研究。

动力荷载条件下的模型几何建模思路与静力荷载条件下的模型一致。采用动力隐式分析步，施加三角波，幅值 30mm，频率 0.5Hz。选定刚度 $k=5×10^5$N/m，阻尼系数 $C=2.5×10^6$N/（m/s），得到的荷载-位移曲线如图 4-8 所示。

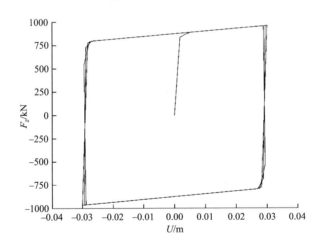

图 4-8　动力加载条件下的荷载-位移曲线

由图 4-8 可知，阻尼器荷载-位移曲线的最大荷载值可以达到 964.2kN，等效阻尼系数为 $1.46×10^7$N/（m/s）。滞回曲线形状饱满，单圈循环耗能 102.957kJ，耗能性能良好。

采用动力隐式分析步，施加三角波，幅值 5°，频率 0.5Hz。选定刚度 $k=5×10^5$N/m，阻尼系数 $C=2.5×10^6$N/（m/s），得到的弯矩-转角曲线如图 4-9 所示。

由图 4-9 可知，弯矩-转角曲线的最大弯矩值为 69kN·m，等效阻尼系数为 $3.6×10^5$N·m·s/rad。滞回曲线形状饱满，单圈循环耗能 21.532kJ。

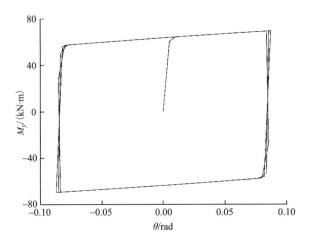

图 4-9 动力加载条件下的弯矩-转角曲线

4.3 大跨空间结构多维减振阻尼器减振性能分析

4.3.1 单层球面网壳分析模型

本章所选模型为肋环斜杆型单层球面网壳，结构模型如图 4-10 所示。网壳结构跨度为 142m，结构矢跨比为 1/10，结构阻尼比取 0.02；采用 Q355C 钢，钢材的屈服强度为 355MPa，弹性模量为 $2.06 \times 10^{11} \text{N/m}^2$，泊松比为 0.3。环向杆和斜杆为铰接，抗震验算荷载代表值为 1.30kN/m^2［恒载（1.10kN/m^2）+0.5 倍雪荷载（0.20kN/m^2）］，结构在静力作用下的挠度为 0.116m，挠跨比为 1/1224，小于 1/400，满足变形条件。结构前 10 阶模态如图 4-11 所示，结构采用的杆件规格见表 4-2。

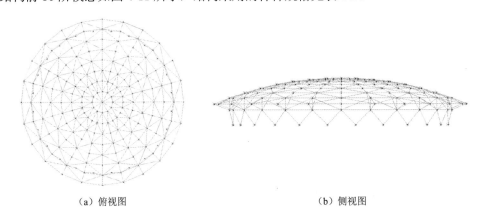

（a）俯视图 （b）侧视图

图 4-10 单层球面网壳结构模型

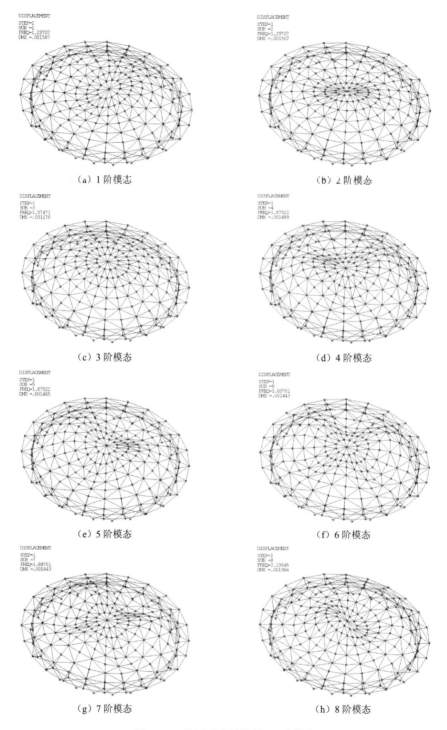

(a) 1 阶模态

(b) 2 阶模态

(c) 3 阶模态

(d) 4 阶模态

(e) 5 阶模态

(f) 6 阶模态

(g) 7 阶模态

(h) 8 阶模态

图 4-11　单层网壳结构前 10 阶模态

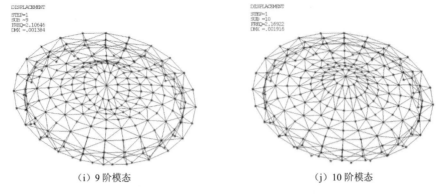

（i）9 阶模态　　　　　　　　　　　　　（j）10 阶模态

图 4-11（续）

表 4-2　杆件规格

杆件类型	杆件截面规格*	杆件类型	杆件截面规格*
H 型钢 1	H900×300×16×18	圆钢管 1	$\phi400×10$
H 型钢 2	H900×350×16×20	圆钢管 2	$\phi500×10$
H 型钢 3	H900×400×16×22	圆钢管 3	$\phi1000×18$
H 型钢 4	H900×450×18×22	圆钢管 4	$\phi550×10$
H 型钢 5	H900×500×18×25	圆钢管 5	$\phi450×10$

*　表中数字单位均用 mm。

4.3.2　装有多维减振阻尼器的单层球面网壳减振性能分析

本章采用时程分析法，验证多维减振阻尼器的减振性能。采用 ANSYS 软件进行单层球面网壳建模，并以单层球面网壳结构为例进行分析。由于单层球面网壳结构的杆件主要受轴力和弯矩作用，因此将多维减振阻尼器简化为一个三维轴向弹簧单元（Combin14 单元，提供三向平动自由度）及 3 个一维转动弹簧单元（Combin 14 单元，提供三向转动自由度）。在每个替换杆件位置添加 4 个 Combin14 单元，用以模拟多维减振阻尼器的耗能减振能力，实现多维减振。

地震作用下，原结构（未布置阻尼器的结构）的动力学方程可以表示为

$$M\ddot{U} + C\dot{U} + KU = -M\ddot{U}_g \qquad (4\text{-}26)$$

减振结构（替换多维减振阻尼器后的结构）的动力学方程可以表示为

$$M\ddot{U} + (\bar{C} + \Delta C)\dot{U} + (\bar{K} + \Delta K)U = -M\ddot{U}_g \qquad (4\text{-}27)$$

式中，M 为结构的质量矩阵；C 为原结构阻尼矩阵；$\bar{C}$ 为替换阻尼器后，除阻尼器外剩余结构的阻尼矩阵；ΔC 为阻尼器提供的附加阻尼矩阵；K 为原结构刚度矩阵；$\bar{K}$ 为替换阻尼器后，除阻尼器外其余结构的刚度矩阵；ΔK 为阻尼器提供的附加刚度矩阵；U、$\dot{U}$、$\ddot{U}$、$\ddot{U}_g$ 分别为单层球面网壳结构相对于地面运动的节点位

移向量、速度向量、加速度向量及地面运动加速度向量。

替换阻尼器之后，地震输入结构的总能量可以分为 4 个部分：结构的动能、结构的应变能、结构的阻尼耗能及阻尼器减振装置的阻尼耗能，如式（4-28）所示。其中，结构的应变能为结构振动过程中存储在结构内部的势能，包括弹性应变能与塑性应变能，如式（4-29）所示。

$$E = E_k + E_s + E_c + E_{\Delta c} \tag{4-28}$$

$$E_s = E_e + E_p \tag{4-29}$$

式中，E 为地震输入结构的总能量；E_k 为结构的动能；E_s 为结构的应变能；E_c 为结构的阻尼耗能；$E_{\Delta c}$ 为阻尼器减振装置的阻尼耗能；E_e 为弹性应变能；E_p 为塑性应变能。

当地震激励较小时，结构处于弹性阶段，塑性应变能为 0，结构振动过程中弹性应变能和结构动能相互转化；当地震激励逐渐增大后，结构杆件的弹性应变能随之增大直至屈服，结构杆件进入塑性阶段，杆件内部开始产生塑性应变能。塑性应变能的产生表明杆件出现了不可恢复的变形，这会对结构的安全产生很大的威胁。

多维减振阻尼器为黏弹性阻尼器，相较于替换黏滞阻尼器[3]，替换黏弹性阻尼器可以提供一定的刚度，从而减小替换杆件对结构带来的削弱影响。在地震激励对结构做功一定的前提下，黏弹性阻尼器替换杆件后，为结构提供了附加阻尼矩阵，将杆件中的弹性应变能转化为热能耗散，减小了结构本身所具有的能量，实现了结构振动控制目的。

对单层球面网壳结构施加多条地震波，先计算结构在地震激励下的杆件应变能，然后参照应变能较大的杆件位置，按照每个替换杆件位置添加 4 个 Combin14 单元的方法，在网壳结构内中心对称地替换 12 根杆件进行布置，如图 4-12 所示。替换阻尼器后，结构在静力作用下的挠度为 0.125m，挠跨比为 1/1136，小于 1/400，满足变形条件。

原结构与减振结构的前 30 阶自振频率见表 4-3。根据表 4-3 绘制原结构与减振结构前 30 阶自振频率对比曲线，如图 4-13 所示，可以看出少量地替换多维减振阻尼器对结构模态的变化趋势影响较小，替换多维减振阻尼器可在对结构本身特性影响较小的前提下进行多维减振控制。

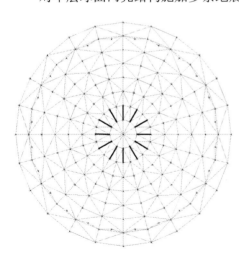

图 4-12　阻尼器替换方式

表 4-3　原结构与减振结构的前 30 阶自振频率　　　　　　单位：Hz

振型	原结构自振频率	减振结构自振频率	振型	原结构自振频率	减振结构自振频率
1 阶振型	1.2971	1.1160	16 阶振型	2.6751	2.1894
2 阶振型	1.2971	1.1160	17 阶振型	2.6770	2.3049
3 阶振型	1.5747	1.2737	18 阶振型	2.6770	2.6351
4 阶振型	1.6752	1.2737	19 阶振型	2.9246	2.6351
5 阶振型	1.6752	1.4169	20 阶振型	2.9246	2.6430
6 阶振型	1.8976	1.5422	21 阶振型	3.2021	2.6430
7 阶振型	1.8976	1.5422	22 阶振型	3.2142	2.7706
8 阶振型	2.1065	1.5466	23 阶振型	3.3507	2.7706
9 阶振型	2.1065	1.8103	24 阶振型	3.3507	3.1926
10 阶振型	2.1692	1.8103	25 阶振型	3.3721	3.2021
11 阶振型	2.2359	2.0045	26 阶振型	3.7576	3.3165
12 阶振型	2.2359	2.0045	27 阶振型	3.7576	3.3165
13 阶振型	2.5224	2.1681	28 阶振型	3.9033	3.6806
14 阶振型	2.5224	2.1681	29 阶振型	3.9033	3.6806
15 阶振型	2.6751	2.1894	30 阶振型	3.9851	3.7280

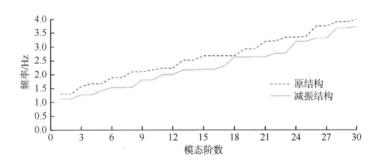

图 4-13　原结构与减振结构前 30 阶自振频率对比曲线

　　本章选用 El-Centro 波、Tianjin 波、Kobe 波、TCU052 波及 ILA056 波，按照 7 度罕遇地震和 8 度罕遇地震进行调幅，峰值加速度分别为 2.2m/s² 和 4.0m/s²，验证在强地震动作用下多维减振阻尼器的减振效果。替换杆件之后，网壳顶点的竖向位移时程曲线和竖向加速度时程曲线如图 4-14～图 4-23 所示。

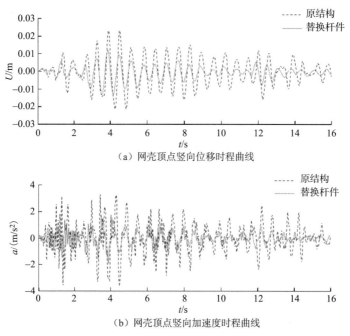

（a）网壳顶点竖向位移时程曲线

（b）网壳顶点竖向加速度时程曲线

图 4-14　网壳顶点竖向位移时程曲线和竖向加速度时程曲线

（El-Centro 波，7 度罕遇地震）

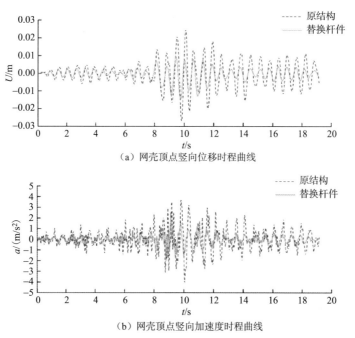

（a）网壳顶点竖向位移时程曲线

（b）网壳顶点竖向加速度时程曲线

图 4-15　网壳顶点竖向位移时程曲线和竖向加速度时程曲线

（Tianjin 波，7 度罕遇地震）

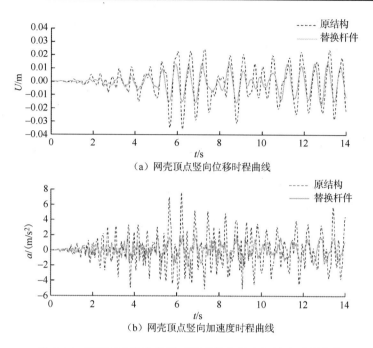

（a）网壳顶点竖向位移时程曲线

（b）网壳顶点竖向加速度时程曲线

图 4-16　网壳顶点竖向位移时程曲线和竖向加速度时程曲线

（Kobe 波，7 度罕遇地震）

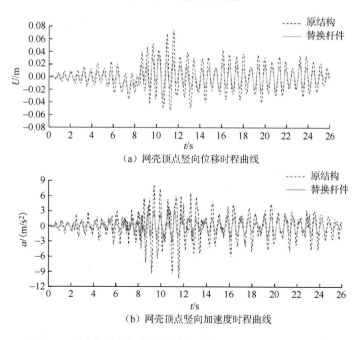

（a）网壳顶点竖向位移时程曲线

（b）网壳顶点竖向加速度时程曲线

图 4-17　网壳顶点竖向位移时程曲线和竖向加速度时程曲线

（TCU052 波，7 度罕遇地震）

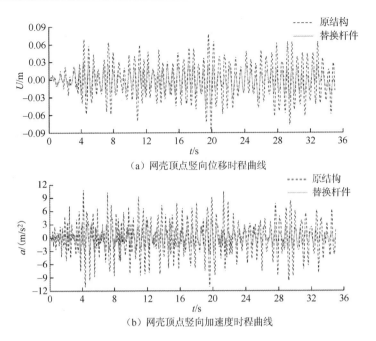

（a）网壳顶点竖向位移时程曲线

（b）网壳顶点竖向加速度时程曲线

图 4-18　网壳顶点竖向位移时程曲线和竖向加速度时程曲线
（ILA056 波，7 度罕遇地震）

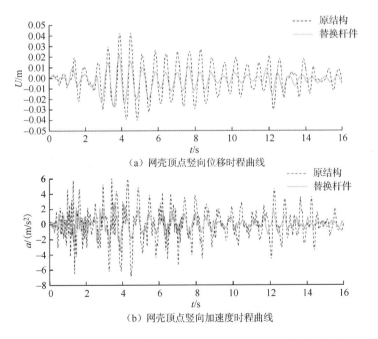

（a）网壳顶点竖向位移时程曲线

（b）网壳顶点竖向加速度时程曲线

图 4-19　网壳顶点竖向位移时程曲线和竖向加速度时程曲线
（El-Centro 波，8 度罕遇地震）

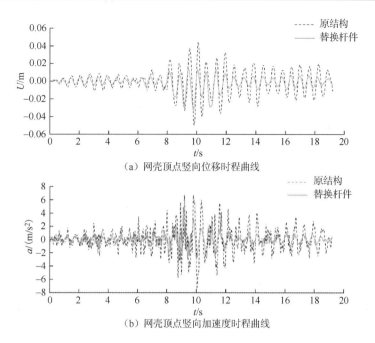

图 4-20　网壳顶点竖向位移时程曲线和竖向加速度时程曲线
（Tianjin 波，8 度罕遇地震）

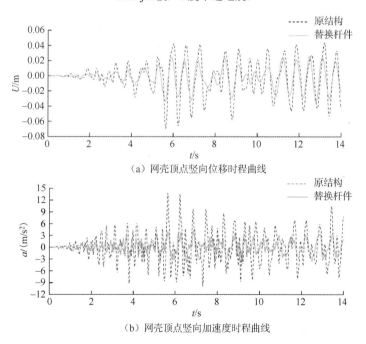

图 4-21　网壳顶点竖向位移时程曲线和竖向加速度时程曲线
（Kobe 波，8 度罕遇地震）

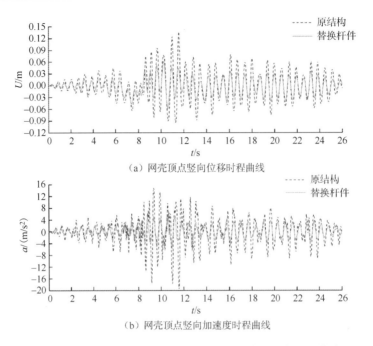

（a）网壳顶点竖向位移时程曲线

（b）网壳顶点竖向加速度时程曲线

图 4-22　网壳顶点竖向位移时程曲线和竖向加速度时程曲线
（TCU052 波，8 度罕遇地震）

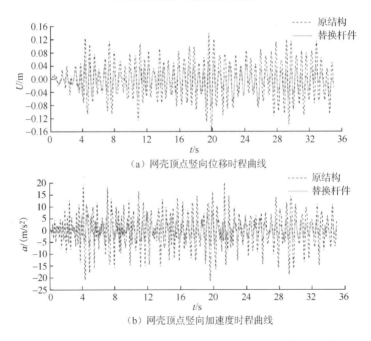

（a）网壳顶点竖向位移时程曲线

（b）网壳顶点竖向加速度时程曲线

图 4-23　网壳顶点竖向位移时程曲线和竖向加速度时程曲线
（TCU052 波，8 度罕遇地震）

由图 4-14~图 4-23 可以看出，在不同地震波的激励下，时程分析过程中网壳顶点的竖向位移和竖向加速度均具有较好的减振效果。在此基础上，定义网壳顶点竖向位移响应峰值和竖向加速度响应峰值的减振率（η_u、η_a）作为结构振动控制评价指标[4]，具体计算方法如下：

$$\eta_u = \frac{(u_{u,max} - u_{c,max})}{u_{u,max}} \times 100\% \tag{4-30}$$

$$\eta_a = \frac{(a_{u,max} - a_{c,max})}{a_{u,max}} \times 100\% \tag{4-31}$$

式中，η_u 与 η_a 分别为加速度减振率和位移减振率；$u_{u,max}$ 与 $a_{u,max}$ 分别为原结构网壳顶点在时程分析过程中竖向位移响应、竖向加速度响应峰值的绝对值；$u_{c,max}$ 与 $a_{c,max}$ 分别为减振结构网壳顶点在时程分析过程中竖向位移响应、竖向加速度响应峰值的绝对值。

η_u 与 η_a 越大，表明减振结构的结构振动控制效果越好。图 4-14~图 4-23 中，网壳顶点竖向位移峰值和竖向加速度峰值的减振率见表 4-4。由表 4-4 可知，7 度罕遇地震激励下，网壳顶点的竖向位移峰值减振率为 43.3%~52.9%，平均减振率为 49.3%；竖向加速度峰值减振率为 37.0%~70.2%，平均减振率为 61.1%。8 度罕遇地震激励下，网壳顶点的竖向位移峰值减振率为 35.4%~54.6%，平均减振率为 47.3%；竖向加速度峰值减振率为 34.0%~69.5%，平均减振率为 61.3%。

表 4-4 网壳顶点竖向位移峰值和竖向加速度峰值的减振率

地震波	调幅	位移峰值			加速度峰值		
		原结构/mm	减振结构/mm	减振率/%	原结构/（m/s²）	减振结构/（m/s²）	减振率/%
El-Centro	7 度罕遇	23.38	13.25	43.3	3.63	1.92	47.1
	8 度罕遇	42.79	26.73	37.5	6.86	3.64	46.9
Tianjin	7 度罕遇	26.94	14.74	45.3	4.05	2.55	37.0
	8 度罕遇	49.96	32.26	35.4	7.46	4.92	34.0
Kobe	7 度罕遇	35.84	17.60	50.9	7.62	2.27	70.2
	8 度罕遇	69.19	33.85	51.1	13.82	4.28	69.0
TCU052	7 度罕遇	74.92	35.26	52.9	10.30	3.38	67.2
	8 度罕遇	136.52	61.92	54.6	19.63	5.98	69.5
ILA056	7 度罕遇	86.20	44.60	48.3	11.27	4.24	62.4
	8 度罕遇	158.61	86.14	45.7	21.30	7.90	62.9

本 章 小 结

　　本章提出了一种适用于大跨空间结构的新型多维减振阻尼器,对其开展了静力分析、动力分析及运动学分析。在此基础上,以某肋环斜杆型单层球面网壳结构为研究对象,探讨了多维减振阻尼器的动力耗能能力及在大跨空间结构中的减振效果,验证了该新型阻尼器在大跨空间结构中的适用性。本章主要结论如下。

　　1)本章提出了一种新型多维减振阻尼器,可以承受"弯矩-轴力"多维内力组合作用,具有同时提供轴向、弯曲等多维刚度和减振效果的特征。

　　2)对多维减振阻尼器的静力性能进行了理论分析,推导了阻尼器的多维刚度公式;进行了 ABAQUS 数值模拟,并编写了 MATLAB 程序,将理论解与仿真解进行对比,两者吻合,说明多维减振阻尼器理论分析与数值仿真是合理的,并且多维减振阻尼器由内部的黏弹性阻尼元件提供刚度,在静力作用下可以减少替换杆件对结构静力承载力和刚度的影响。

　　3)对多维减振阻尼器进行了动力有限元分析,阻尼器耗能性能良好,可以为大跨空间结构提供有效多维减振。

　　4)以某跨度为 142m,矢跨比为 1/10 的大跨度肋环斜杆型单层球面网壳结构为例,利用本章提出的多维减振阻尼器替换结构部分杆件,并施加强地震动:7度罕遇地震激励下,网壳顶点的竖向位移峰值减振率为 43.3%～52.9%,平均减振率为 49.3%;竖向加速度峰值减振率为 37.0%～70.2%,平均减振率为 61.1%。8度罕遇地震激励下,网壳顶点的竖向位移峰值减振率为 35.4%～54.6%,平均减振率为 47.3%;竖向加速度峰值减振率为 34.0%～69.5%,平均减振率为 61.3%。

参 考 文 献

[1] 韩庆华, 郭凡夫, 刘铭劼, 等. 多维减振阻尼器力学性能研究 [J]. 建筑结构学报, 2019, 40 (10): 69-77.

[2] 黄真, 赵永生, 赵铁石. 高等空间机构学 [M]. 北京: 高等教育出版社, 2006.

[3] 丁阳, 葛金刚. 黏滞阻尼器在单层网壳结构中的优化布置 [J]. 地震工程与工程振动, 2012, 32 (4): 166-173.

[4] 韩庆华, 陶轶洋, 刘铭劼. 大跨立体管桁架三维振动控制分析 [J]. 地震工程与工程振动, 2019, 39 (5): 52-66.

第5章 SMA-摩擦阻尼器减振新体系及减振性能研究

5.1 SMA-摩擦阻尼器的概念设计

新型 SMA-摩擦阻尼器（SMA-friction damper，SFD）是一种将多束 SMA 丝与传统摩擦阻尼器耗能原理相结合的混合装置。该阻尼器用于容易替换或添加钢管构件的大跨空间结构之中以减轻其地震响应。SFD 剖面图及结构如图 5-1 所示。SFD 的主体部分由内外连接板、内外摩擦片及钢管组成，并于阻尼器外侧安装有 8 组 SMA 丝。钢管设置有两个对称位置的长滑槽，其长度由阻尼器的设计位移决定。内外连接板和摩擦片设置有圆孔，用于穿过高强螺栓，将摩擦片夹在连接板与钢管之间。内外连接板和摩擦片的接触表面精确切割为设计半径的圆曲面，以确保连接板、摩擦片及钢管之间的紧密配合。内外连接板通过连接螺栓与方形端板连接，钢管通过焊接与圆形端板连接，之后在方形和圆形端板上焊接耳板，以便夹在试验机中进行试验研究。每束 SMA 丝通过锚固装置固定到钢管的一端和外连接板的另一端。8 束 SMA 丝对称安装在阻尼器上，其中每一束都包含有若干根 SMA 丝。

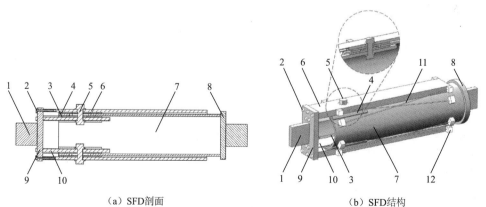

（a）SFD剖面　　　　　　　　　　　　（b）SFD结构

1—耳板；2—连接螺栓；3—内摩擦片；4—外摩擦片；5—高强螺栓；6—外连接板；7—钢管；
8—圆形端板；9—方形端板；10—内连接板；11—SMA 丝；12—锚具。

图 5-1　SFD 剖面图及结构

新型 SMA-摩擦阻尼器适用于大跨空间结构，端板可以直接替换钢管或者与原结构钢管构件通过法兰盘连接。当阻尼器受到较大的轴向荷载时，其结构层发生相对滑动，阻尼器整体的轴向往复运动可以确保有一半的 SMA 丝产生张拉从而耗能。SFD 的耗能实际由摩擦单元和 SMA 丝单元并联组成。阻尼器的滑动摩擦力由摩擦面属性与高强螺栓预紧力共同决定，通过扭矩扳手施加不同的预紧力，可以方便地控制滑动摩擦力以适应不用的应用场景。当 SFD 安装于结构之中后，在小震作用下施加到阻尼器的力小于滑动摩擦，此时 SFD 不会发生相对滑动，仅产生弹性变形，为结构提供一定的刚度。处于大震时，阻尼器所受的拉力或压力变大，直到滑动摩擦力被克服。此时钢管和摩擦片相对滑动，产生摩擦耗能，同时一半的 SMA 丝通过锚固装置被拉长产生耗能。因此，该阻尼器的耗能能力主要取决于钢管与摩擦片之间的接触表面、高强螺栓预紧力及 SMA 丝的数量。

根据 SFD 的受力及变形情况，其工作状态可分为 3 个阶段。第 1 阶段是受力较小时，SFD 处于弹性工作阶段，此时阻尼器的变形很小，可以忽略不计；第 2 阶段是变形耗能阶段，此时摩擦力被克服，阻尼器产生较大变形，摩擦单元与 SMA 单元共同耗能；第 3 阶段是强化阶段，阻尼器滑移至高强螺栓与钢管长滑槽端部接触，随着位移的增加，阻尼器刚度变大直至发生破坏。

5.2 SMA-摩擦阻尼器的理论模型和力学性能

5.2.1 SMA-摩擦阻尼器滞回性能试验

1. 试件设计

SFD 主要包括钢管、摩擦片、连接板及 SMA 单元。试验中 SFD 试件的零件尺寸详图如图 5-2 所示。

SFD 采用的 SMA 丝由西安思维金属材料有限公司提供，直径为 1mm，长 650mm。每根 SMA 在安装之前均经过 6%的应变幅值下加卸载循环 30 圈，以确保其力学性能达到稳定状态。钢管、连接板、端板、耳板及夹具均为 Q355 钢材质，摩擦片为 H59 黄铜材质。其中连接板及摩擦片均存在大面积的弧面，为保证各接触面的紧密相连，采用整块原材料进行线切割加工。钢管的内外表面均需要与摩擦片配合，因此试验中采用的钢管内外表面均经过车削，以确保其内外径精度满足设计需要。钢管与端板、端板与耳板为焊接连接，采用 E50 型焊条，焊脚尺寸为 8mm，强度满足设计需要。试验中 SFD 采用的夹具中间设计有配合 SMA 丝材的沟槽，沟槽直径为 0.4mm，每个锚固端为 2 片夹具，采用 4 根 M4 高强螺栓紧固。所有加工完成的零件如图 5-3 所示。

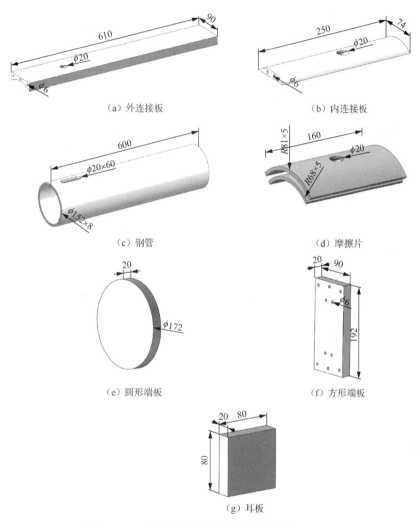

（a）外连接板　　　　　　　　　　　　　（b）内连接板

（c）钢管　　　　　　　　　　　　　（d）摩擦片

（e）圆形端板　　　　　　　　　　　　　（f）方形端板

（g）耳板

图 5-2　SFD 试件的零件尺寸详图（单位：mm）

（a）外连接板

（b）内连接板

图 5-3　加工完成的 SFD 零件

（o）钢管

（d）摩擦片

（e）方形端板及耳板

（f）圆形端板及耳板

（g）夹具

图 5-3（续）

　　根据 SFD 的结构特点进行零件组装。第 1 步先将内外摩擦片、内外连接板及钢管按照结构设计位置放置并将螺栓孔与滑槽中间位置对齐，由内向外穿过高强螺栓并初步拧紧。初拧之后微调连接板及摩擦片至设计位置，采用扭矩扳手对高强螺栓施加设计扭矩，确保螺栓预紧力达到设计值。第 2 步通过 10 个 M6 高强螺栓将方形端板与内外连接板连接到一起，至此 SFD 主体结构安装完成。第 3 步将训练好的 SMA 丝采用夹具及 4 个 M4 高强螺栓锚固一端，另一端在将 SMA 丝张拉至紧绷状态之后再进行锚固。每组 SMA 丝按照顺序依次进行。组装完成的 SFD 试件如图 5-4 所示。

2. 试验设备

SFD 的滞回性能试验在天津大学机械工程学院力学实验室完成，试验仪器为 INSTRON 1343 电液伺服疲劳试验机，其最大轴向荷载为 250kN，作动器行程±50mm，试验机夹头可加持厚度 14～24mm、最大长度 80mm 的板材。试验过程中，SFD 的力和

图 5-4　组装完成的 SFD 试件

位移由传感器自动采集。试验装置及试件安装如图 5-5 所示，试验数据自动采集系统如图 5-6 所示。

图 5-5　试验装置及试件安装

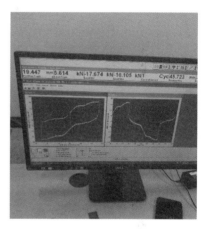

图 5-6　试验数据自动采集系统

3. 加载工况

在 SFD 滞回试验过程中，考虑了加载频率、位移幅值及每束 SMA 数量对 SFD 性能的影响。试验均在室温 20℃条件下进行，采用三角波加载。由于阻尼器的位移行程较大（±30mm），在实际加载过程中为保证试验机的正常使用，最大加载频率取 0.1Hz[1]。在 SFD 滞回试验之前，每根 SMA 丝均在 6%的幅值应变下循环加卸载训练 30 圈，以保证其力学性能稳定。SFD 滞回试验加载工况见表 5-1。

表 5-1　SFD 滞回试验加载工况

编号	加载频率 f/Hz	每束 SMA 数量 N/个	位移幅值 D/mm
S-0.01-5-10			10
S-0.01-5-15	0.01	5	15
S-0.01-5-20			20

续表

编号	加载频率 f/Hz	每束 SMA 数量 N/个	位移幅值 D/mm
S-0.01-5-25	0.01	5	25
S-0.01-5-30			30
S-0.05-5-10	0.05	5	10
S-0.05-5-15			15
S-0.05-5-20			20
S-0.05-5-25			25
S-0.05-5-30			30
S-0.1-5-10	0.10	5	10
S-0.1-5-15			15
S-0.1-5-20			20
S-0.1-5-25			25
S-0.1-5-30			30
S-0.1-3-10		3	10
S-0.1-3-15			15
S-0.1-3-20			20
S-0.1-3-25			25
S-0.1-3-30			30
S-0.1-1-10		1	10
S-0.1-1-15			15
S-0.1-1-20			20
S-0.1-1-25			25
S-0.1-1-30			30
S-0.1-0-30		0	30

注：编号 S-X-Y-Z，X 为加载频率；Y 为每束 SMA 数量；Z 为位移幅值。

5.2.2　SMA-摩擦阻尼器力学模型

新型 SFD 利用 SMA 丝变形与摩擦单元进行耗能并提供恢复力，根据本章所提出的阻尼器的受力特点，考虑到实际的受力情况，对理论计算模型提出以下基本假定。

1）忽略钢管及其他连接零件的弹性变形。

2）忽略高强螺栓螺栓孔隙的影响。

3）假定方形端板、钢管与圆形端板共轴线，忽略可能产生的偏心影响。

4）忽略 SMA 丝在安装过程中可能产生的轻微的预拉力。

5）假定 SMA 丝的伸长量与阻尼器变形值相等。

本章提出的新型 SFD 在结构中承受轴力作用，根据其受力特点及工作原理，力学计算模型包括 SMA 丝单元和摩擦单元两部分，阻尼器的总体恢复力由 SMA 丝提供的恢复力和摩擦力进行叠加组成，则其总体力学模型为

$$F = mF_{\text{SMA}} + F_{\text{f}} \tag{5-1}$$

式中，F 为阻尼器总体恢复力；m 为 SMA 丝根数；F_{SMA} 为单根 SMA 丝提供的恢复力；F_f 为摩擦力。

1. SMA 丝单元

SMA 丝的非线性行为通过非线性弹性单元与滞回单元共同叠加组成，其简化力学模型如图 5-7 所示。

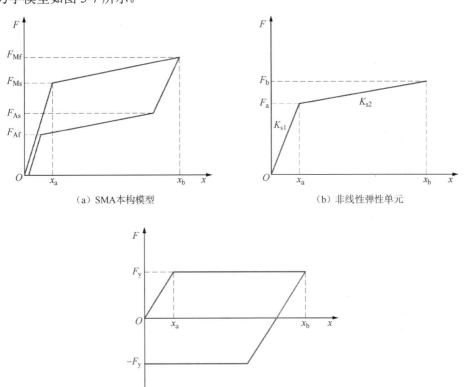

（a）SMA 本构模型　　　　　　（b）非线性弹性单元

（c）滞回单元

图 5-7　SMA 简化力学模型

该简化模型中，非线性弹性单元主要体现了 SMA 丝的刚度特性，其计算方法为

$$F_{ml} = \begin{cases} 0 & x < 0 \\ K_{s1}x & 0 \leqslant x < x_a \\ K_{s1}x_a + K_{s2}(x - x_a) & x_a < x \leqslant x_b \end{cases} \tag{5-2}$$

式中，F_{ml} 为非线性弹性单元的恢复力；x 为 SMA 丝的位移（以受拉为正）；x_a 为马氏体相变开始位移；x_b 为 SMA 丝的最大设计位移；K_{s1} 为初始刚度，计算方法见式（5-3）；K_{s2} 为屈服后刚度，计算方法见式（5-4）。

$$K_{s1} = F_a / x_a \tag{5-3}$$

$$K_{s2}=(F_b-F_a)/(x_b-x_a) \qquad (5\text{-}4)$$

式中，F_a 为非线性弹性单元的屈服力；F_b 为非线性弹性单元在最大位移下的恢复力。

该简化模型中，滞回单元主要反映了 SMA 丝的塑性行为及耗能能力，采用 Bouc-Wen 模型进行模拟。滞回单元的力和位移的关系为

$$F_{w} = \begin{cases} 0 & x < 0 \\ \alpha\dfrac{F_y}{x_a}x+(1-\alpha)F_y z & x \geqslant 0 \end{cases} \qquad (5\text{-}5)$$

$$F_y=0.5F_{Mf}+0.5F_{As} \qquad (5\text{-}6)$$

式中，F_w 为滞回单元提供的恢复力；F_y 为滞回单元的屈服力；F_{Mf} 为马氏体相变结束时 SMA 丝对应的恢复力；F_{As} 为奥氏体相变开始时 SMA 丝对应的恢复力。图 5-7 中 F_{Ms} 为马氏体相变起始时 SMA 丝对应的恢复力；F_{Af} 为奥氏体相变结束时 SMA 丝对应的恢复力（F_{Ms}、F_{Mf}、F_{As} 及 F_{Af} 由 SMA 丝材性试验测得）；α 为屈服后刚度与弹性刚度的比值，此处为 0；z 为无量纲参数，其表达式为

$$x_a\dot{z}+\gamma\left|\dot{x}\right|z\left|z\right|^{n-1}+\beta\dot{x}\left|z\right|^{n}-A\dot{x}=0 \qquad (5\text{-}7)$$

式中，γ、β、A、n 均为控制滞回单元曲线形状的量纲参数，分别取 0.5、0.5、1 和 2 [2]。

在该模型中，需要保证在任何荷载条件下模拟值与试验值相等，即需要满足

$$F_b+F_y=F_{Mf} \qquad (5\text{-}8)$$

$$F_a+F_y=F_{Ms} \qquad (5\text{-}9)$$

2. 摩擦单元

摩擦单元即为传统的摩擦阻尼器，在摩擦力较小的情况下，其初始弹性刚度接近正无穷，屈服刚度接近 0。为方便起见，将摩擦单元力学模型近似为理想刚塑性模型，如图 5-8 所示。F_f 为阻尼器提供的摩擦力，即

$$F_{f} = \begin{cases} n_f\mu P & (D_f > 0) \\ -n_f\mu P & (D_f < 0) \end{cases} \qquad (5\text{-}10)$$

式中，n_f 为摩擦面个数；μ 为摩擦系数；P 为摩擦板法向压力；D_f 为阻尼器运动方向，以受拉变形为正。

新型 SFD 的力学计算模型由 SMA 丝单元与摩擦单元叠加而成，如图 5-9 所示。

5.2.3　SMA-摩擦阻尼器力学性能数值分析

1. SMA 单元数值模拟

SMA 丝可以通过引入用户子程序（UMAT）来定义其独特的材料本构关系，采用有限元实体单元进行模拟。该模拟方法结果精确度较高，然而在实体建模中

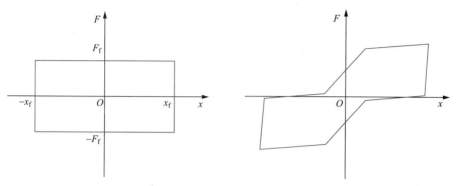

图 5-8　摩擦单元理想刚塑性模型　　　图 5-9　新型 SFD 的力学计算模型

很难模拟出 SMA 丝和锚具之间的连接关系，同时需要耗费大量的时间来完成其非线性计算。本章力学计算模型中提到的采用连续滞回系统来描述 SMA 丝本构关系的物理模型可以大大节约计算资源，同时该方法可以和 ABAQUS 有限元分析软件很好地结合。通过 ABAQUS 中 Connector 单元，可以分别定义其非线性弹性单元与滞回单元，进而叠加模拟 SMA 丝。根据 SMA 超弹性性能试验得到的试验数据，获得的物理模型中的各个参数见表 5-2。采用 Connector 单元模拟 SMA 丝与材料试验结果对比如图 5-10 所示。从图 5-10 中可以看到，模拟结果与试验结果拟合良好，证明了该方法的有效性。

表 5-2　SMA 丝模拟参数取值

N	x_a/mm	x_b/mm	F_{Ms}/kN	F_{Mf}/kN	F_{As}/kN	F_{Af}/kN	F_y/kN	F_a/kN	F_b/kN
1	7.5	30	0.48	0.65	0.41	0.25	0.12	0.36	0.53
3	7.5	30	1.44	1.95	1.23	0.75	0.36	1.08	1.59
5	7.5	30	2.40	3.25	2.05	1.25	0.60	1.80	2.65

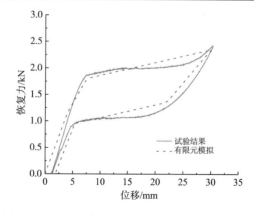

图 5-10　有限元模拟 SMA 丝与材料试验结果对比

2. 摩擦单元数值模拟

摩擦单元与传统意义上的摩擦阻尼器较为相似，在模拟过程中，通过建立实体单元，定义摩擦接触面属性模拟其力学模型。各零部件按照设计尺寸生成并装配后，在 Interaction 模块中定义接触属性，摩擦面的法向接触选用 Hard Contact 模型，切向接触选用 Penalty 模型，由试验 S-0.1-0-30 工况测得摩擦片与连接板及钢管的摩擦系数为 0.35。螺栓采用旋转生成实体，其余构件采用拉伸生成实体，均采用 C3D8 实体单元。考虑到实际受力情况，建模时对模型进行一定的简化，忽略方形耳板、圆形耳板及 SMA 丝夹具。SFD 连接板与钢管采用 Q345B 钢材，摩擦片为黄铜材质，其相关材料参数取值见表 5-3。SFD 有限元模型如图 5-11 所示。

表 5-3　材料参数取值

材质	弹性模量/MPa	泊松比	屈服应力/MPa
钢材	2.06×10^5	0.30	345
黄铜	1.03×10^5	0.36	300
高强螺栓	2.06×10^5	0.30	900

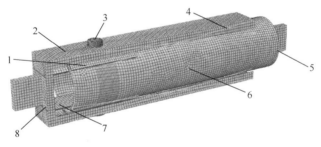

1—外摩擦片；2—外连接板；3—高强螺栓；4—SMA 丝；5—圆形端板；6—钢管；7—内连接板；8—方形端板。

图 5-11　SFD 有限元模型

3. 数值模拟结果与试验结果对比

在每束 SMA 丝为 5 根，位移为 30mm 时的阻尼器应力云图如图 5-12 所示，可以看到阻尼器 Mises 应力最大为 120MPa，小于材料屈服强度。在不同 SMA 丝数量及不同位移幅值下，试验结果及数值模拟结果对比如图 5-13～图 5-15 所示，各工况下力学参数见表 5-4。结果表明，在各个加载工况下，新型 SFD 的数值模拟结果与试验结果吻合良好，ABAQUS 软件能够很好地模拟出 SMA 丝的力学特性，并反映出位移幅值与每束 SMA 丝的数量对阻尼器滞回性能的影响。工况 S-0.1-5-10 的模拟效果较差，其原因为位移幅值较小而 SMA 丝数量较多，螺栓孔隙带来的影响将更加明显，使得残余位移的数值模拟结果产生较大的误差。从表5-4 中可以看到，数值模拟结果与试验结果的误差大多在 10%以内，证明了有限元建模方法的有效性，为后续的进一步研究奠定了基础。

图 5-12　SFD 数值模型应力云图（MPa）

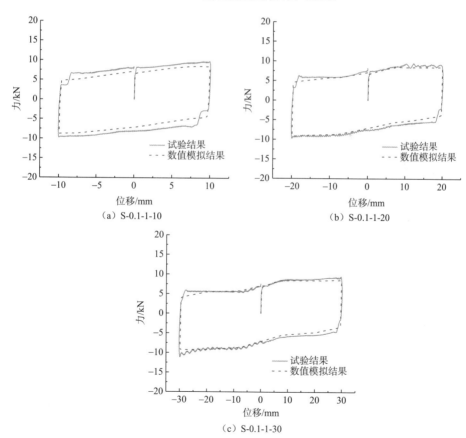

（a）S-0.1-1-10　　　　　　　　　　（b）S-0.1-1-20

（c）S-0.1-1-30

图 5-13　每束 SMA 丝为 1 根时试验结果与数值模拟结果对比

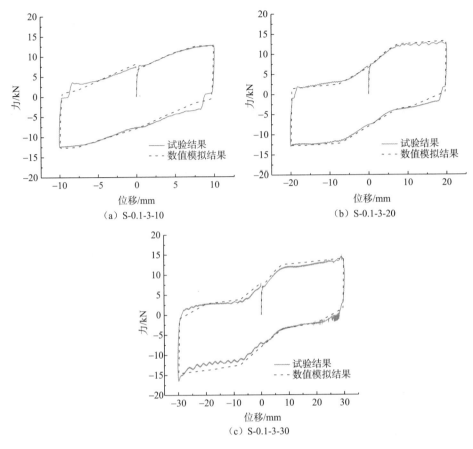

（a）S-0.1-3-10

（b）S-0.1-3-20

（c）S-0.1-3-30

图 5-14　每束 SMA 丝为 3 根时试验结果与数值模拟结果对比

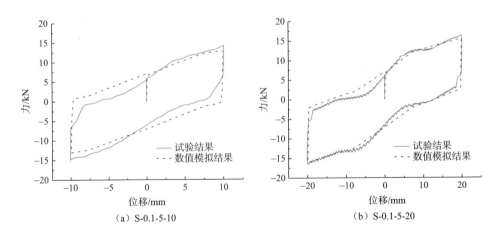

（a）S-0.1-5-10

（b）S-0.1-5-20

图 5-15　每束 SMA 丝为 5 根时试验结果与数值模拟结果对比

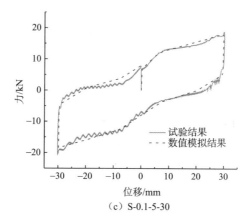

（c）S-0.1-5-30

图 5-15（续）

表 5-4　各工况下力学参数试验结果与数值模拟结果对比

编号	力学参数	试验结果	数值模拟结果	误差/%
S-0.1-1-10	K_{eq}/（kN/mm）	0.974	0.868	10.88
	W_d/J	315.60	269.41	14.64
	ζ_{eq}	0.516	0.499	3.29
	D_r/mm	9.93	9.83	1.01
S-0.1-1-20	K_{eq}/（kN/mm）	0.478	0.444	7.11
	W_d/J	595.40	549.00	7.79
	ζ_{eq}	0.496	0.497	0.20
	D_r/mm	19.83	19.81	0.10
S-0.1-1-30	K_{eq}/（kN/mm）	0.340	0.300	11.76
	W_d/J	860.37	821.49	4.52
	ζ_{eq}	0.448	0.489	9.15
	D_r/mm	29.93	29.65	0.94
S-0.1-3-10	K_{eq}/（kN/mm）	1.256	1.273	1.35
	W_d/J	291.86	286.97	1.68
	ζ_{eq}	0.370	0.362	2.16
	D_r/mm	8.86	9.61	8.47
S-0.1-3-20	K_{eq}/（kN/mm）	0.648	0.652	0.62
	W_d/J	585.38	585.91	0.09
	ζ_{eq}	0.359	0.361	0.56
	D_r/mm	18.74	19.18	2.35

编号	力学参数	试验结果	数值模拟结果	误差/%
S-0.1-3-30	K_{eq}/（kN/mm）	0.502	0.478	4.78
	W_d/J	889.17	918.71	3.32
	ζ_{eq}	0.313	0.343	9.58
	D_r/mm	28.41	27.12	4.54
S 0.1 5 10	K_{eq}/（kN/mm）	1.453	1.300	10.53
	W_d/J	236.40	271.13	14.69
	ζ_{eq}	0.259	0.333	28.57
	D_r/mm	6.73	9.64	43.24
S-0.1-5-20	K_{eq}/（kN/mm）	0.815	0.792	2.82
	W_d/J	518.81	553.35	6.66
	ζ_{eq}	0.253	0.281	10.67
	D_r/mm	13.30	13.41	0.83
S-0.1-5-30	K_{eq}/（kN/mm）	0.661	0.613	7.26
	W_d/J	906.17	924.68	2.04
	ζ_{eq}	0.242	0.269	11.16
	D_r/mm	22.61	20.82	7.92

注：误差=（|试验结果−有限元结果|）/试验结果×100%。

5.2.4　SMA-摩擦阻尼器力学性能参数化分析

为研究 SMA-摩擦阻尼器的滞回性能，对试验结果的力-位移曲线进行分析，本章选取等效刚度、单圈循环耗能、等效阻尼比及残余位移 4 个参数作为性能评价指标。

1）等效刚度 K_{eq} 计算公式如下：

$$K_{eq} = \frac{F_{max} - F_{min}}{D_{max} - D_{min}} \tag{5-11}$$

式中，F_{max} 为单次加卸载最大输出力；F_{min} 为单次加卸载最小输出力；D_{max} 为单次加卸载最大输出位移；D_{min} 为单次加卸载最小输出位移。

2）单圈循环耗能 W_d。单圈循环耗能的物理意义为单次完整循环加载时阻尼器所消耗的能量，其数值为滞回曲线所包围的滞回环面积。滞回环面积表示阻尼器在加卸载过程中表现出的耗能能力，故随着滞回曲线面积的增大，阻尼器耗能能力也相应增强。

3）等效阻尼比 ζ_{eq} 计算公式如下：

$$\zeta_{eq} = \frac{W_d}{2\pi K_{eq} D_{max}^2} \tag{5-12}$$

4）残余位移 D_r 计算公式如下：

$$D_r = \frac{D_{r1} - D_{r2}}{2} \qquad (5\text{-}13)$$

式中，D_{r1} 为受拉状态下最大残余位移；D_{r2} 为受压状态下最大残余位移。

1. 加载频率对滞回性能的影响

不同加载频率下 SFD 的滞回曲线如图 5-16 所示。从图 5-16 中可以看到，每个工况下加载 3 圈的滞回曲线完全重合，证明了该阻尼器工作的稳定性。同时，在不同加载频率下，阻尼器滞回曲线基本重合。滞回曲线基本对称分布在第 1 象限和第 3 象限中，且曲线形状饱满，表明该 SFD 有良好的耗能能力。从图 5-16 中可以看到，滞回曲线的中间部分显示出颈缩现象，这是由于 SMA 丝独特的旗帜形本构关系引起的，体现了 SMA 丝对 SFD 滞回性能的影响。各个工况下曲线的第一个转折点基本相同，该数值为 SFD 的滑动摩擦力，由高强螺栓的预紧力控制。

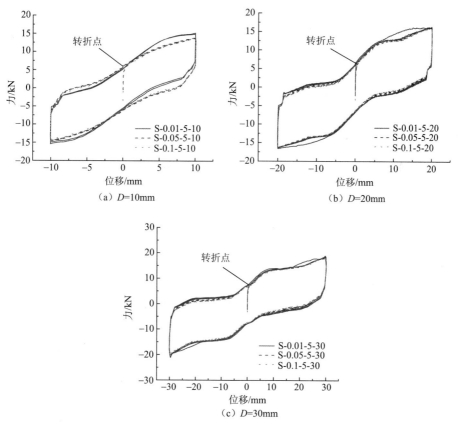

图 5-16　不同加载频率下 SFD 的滞回曲线

图 5-17 为在不同的位移幅值下等效刚度 K_{eq}、单圈循环耗能 W_d、等效阻尼比

η 和残余变形 D_r 与加载频率 f 之间的关系。试验结果表明，在不同加载频率下，SFD 的 4 个力学参数几乎相同。在位移幅值分别为 10mm、20mm 和 30mm 时，随着加载频率从 0.01Hz 增加至 0.10Hz，阻尼器的等效刚度分别减小约 5.60%、0.88% 和 1.70%，单圈循环耗能分别减少了 0.58%、6.23% 和–9.07%。在位移幅值等于 10mm 时，等效阻尼比先是从 0.243 增加到 0.273，然后减小至 0.259。然而，当位移幅值等于 20mm 和 30mm 时，等效阻尼比几乎呈线性变化，分别减小了 5.40% 和 7.50%。当位移幅值等于 10mm 时，残余变形从 4.4mm 增加到 6.7mm；然而在 20mm 和 30mm 时，残余变形分别从 14.2mm 减小到 13.3mm 及从 24.9mm 减小到 22.6mm。上述试验结果表明，加载频率的变化对 SFD 滞回性能的影响很小，该影响在试验加载频率范围内可以被忽略。

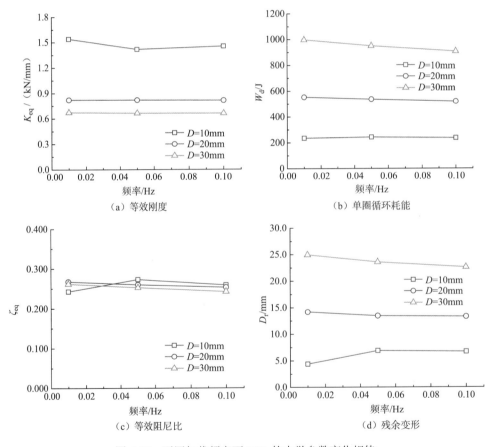

图 5-17　不同加载频率下 SFD 的力学参数变化规律

2. 位移幅值对滞回性能的影响

图 5-18 给出在加载频率等于 0.1Hz 时不同位移幅值下 SFD 的滞回曲线。由

图 5-18 可以看到，在不同位移幅值下曲线形状相同，随着位移幅值的增加，曲线沿横向坐标轴逐渐拉伸，而沿纵向坐标轴变化很小。在位移幅值超过 10mm 之后，随着幅值的增加，SFD 提供的恢复力基本不变，这是由于此时 SMA 丝马氏体相变已经开始，SMA 丝的恢复力基本不再变化。在位移幅值为 25mm 时，阻尼器的恢复力急剧提高，这表明 SMA 丝的马氏体相变完成。

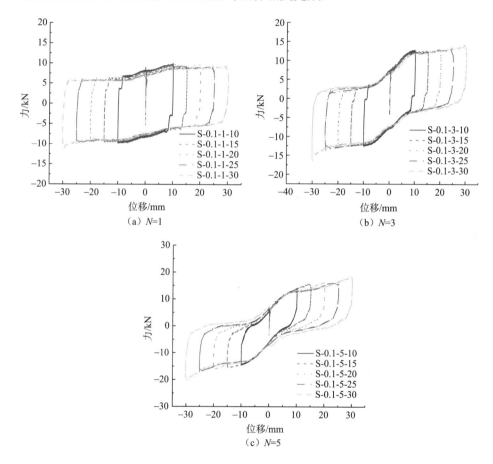

图 5-18　不同位移幅值下 SFD 的滞回曲线

不同位移幅值下等效刚度等 4 个力学参数的变化规律如图 5-19 所示。由图 5-19 可以看到，阻尼器等效刚度与位移幅值的增加成反比。在最初的 25mm 内，等效刚度下降较为明显；当位移幅值从 25mm 增加到 30mm 时，由于马氏体相变基本完成，SMA 丝提供的恢复力增加，导致阻尼器整体等效刚度趋于平稳。随着位移幅值的增加，单圈循环耗能和残余变形几乎线性增加。以每束 5 根 SMA 丝为例，随着位移幅值从 10mm 增加到 30mm，SFD 的单圈循环耗能从 236.4J 增加至 906.17J，增加了 283.32%；残余变形从 6.7mm 增加到 22.6mm，增加了 235.96%。

可以看出，随着位移的增加，阻尼器的耗能能力也显著增强。当每束 SMA 丝数量分别等于 1 根、3 根和 5 根时，等效阻尼比变化并不明显，分别下降了 13.23%、15.34%和 6.44%。由以上分析结果可以得知，位移幅值是影响 SFD 滞回性能的重要因素。

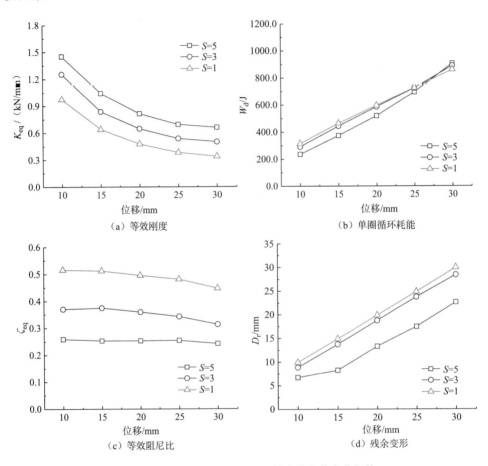

图 5-19　不同位移幅值下 SFD 的力学参数变化规律

3. SMA 丝数量对滞回性能的影响

不同 SMA 丝数量时 SFD 的滞回曲线如图 5-20 所示。SMA 丝数量对 SFD 的滞回性能有较大影响，随着 SMA 丝数量的增加，阻尼器的最大恢复力有明显提升，并且滞回曲线的形状从矩形逐渐变化为梭形。当施加的位移约为 7mm 时，滞回曲线出现明显转变。该现象是由 SMA 独特的力学行为导致的，此时 SMA 丝的应变约为 1.4%，马氏体相变开始，在 SMA 丝的材性试验中也有同样的现象。

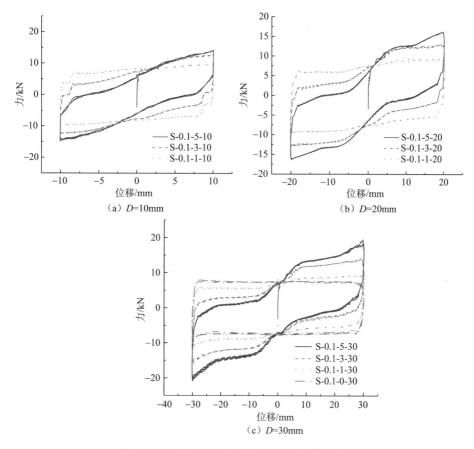

（a）D=10mm

（b）D=20mm

（c）D=30mm

图 5-20　不同 SMA 丝数量下 SFD 的滞回曲线

图 5-21 所示为不同 SMA 丝数量下 SFD 的力学参数变化规律。随着 SMA 丝数量的增加，阻尼器的等效刚度显著增加。当位移幅值分别等于 10mm，20mm和 30mm 时，等效刚度分别增加了 49.20%、70.58% 和 90.55%。试验结果表明，通过增加 SMA 丝数量，SFD 与传统的摩擦阻尼器相比具有了变刚度特性。SFD的恢复力随着位移的增加而增加，而不像传统的摩擦阻尼器一旦滑动摩擦力被克服，其提供的恢复力便不再发生变化。SMA 丝数量对单圈循环耗能影响很小，这表明实际的能量耗散仍主要由摩擦单元提供。等效阻尼比与 SMA 丝数量成反比。以位移幅值为 30mm 为例，等效阻尼比从 0.488 下降至 0.242，降低了 50.41%。在位移幅值为 30mm 时，随着每束 SMA 丝数量从 1 根增加到 5 根，残余变形从29.93mm 降低至 22.61mm，减少了 24.46%，这表明 SMA 丝的引入使得阻尼器具有了一定的自复位能力。通过 SMA 丝数量与高强螺栓预紧力的同步调整，可以实现控制其自复位能力。以上分析表明，增加 SMA 丝的数量可以极大地改善SFD 的滞回性能。

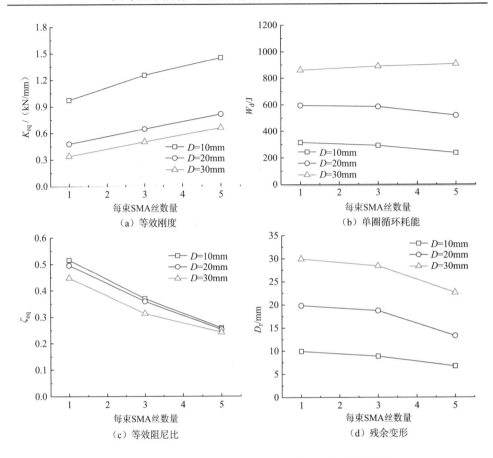

图 5-21　不同 SMA 丝数量下 SFD 的力学参数变化规律

4. 高强螺栓预紧力对滞回性能的影响

　　为研究高强螺栓预紧力对于 SFD 滞回性能的影响，选取的数值模型预紧力 T 为 1kN、5kN 和 10kN，单股 SMA 丝数量为 1 根、3 根和 5 根，位移幅值为 30mm。不同高强螺栓预紧力下 SFD 的滞回曲线如图 5-22 所示。高强螺栓预紧力对 SFD 的滞回性能有较大影响。随着高强螺栓预紧力的增加，阻尼器的恢复力提升十分明显，滞回曲线的形状不变，沿纵向延伸。由此可见，高强螺栓预紧力是影响 SFD 恢复力及滑动摩擦力的主要参数。当预紧力较小（1kN）时，可以看到阻尼器表现出 SMA 丝的力学行为，耗能能力降低，但是自复位能力极大增强。

　　图 5-23 所示为不同高强螺栓预紧力下 SFD 的力学参数变化规律。随着高强螺栓预紧力的增加，4 个力学参数均显著增加。当单束 SMA 丝数量分别等于 1 根、3 根和 5 根时，阻尼器的等效刚度分别增加了 375.06%、173.09% 和

112.51%。结果表明，通过增加高强螺栓预紧力，SFD 的刚度特性显著增强，因此在应用于不同的结构之中时，调整螺栓预紧力可以满足其实际需求。高强螺栓预紧力对单圈循环耗能影响很大，在不同 SMA 丝数量下单圈循环耗能曲线基本重合，表明实际的能量耗散由摩擦单元提供，与前文得到的结论一致。等效阻尼比与高强螺栓预紧力正相关，以单束 SMA 丝数量为 5 根为例，等效阻尼比从 0.098 增加至 0.379，增加了 286.73%。高强螺栓预紧力的变化对残余变形的影响十分显著，在预紧力为 1kN 下，单束 SMA 丝数量为 1 根、3 根与 5 根时对应的残余变形分别为 18.50mm、3.85mm 和 2.28mm，进一步表明 SMA 丝数量的增加可以大大提高其自复位能力。通过调节高强螺栓预紧力与 SMA 丝数量，可实现不同的刚度特性与自复位特性，以满足实际工程中的不同需求。

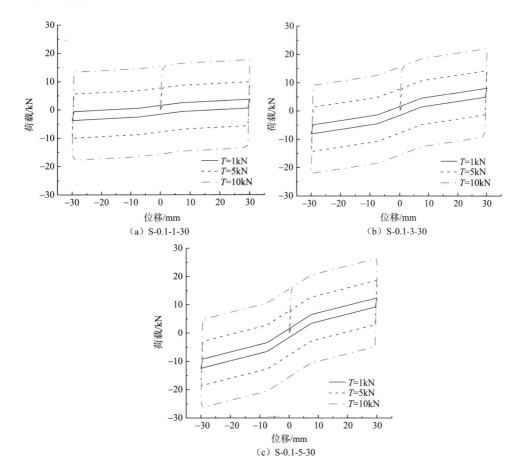

图 5-22　不同高强螺栓预紧力下 SFD 的滞回曲线

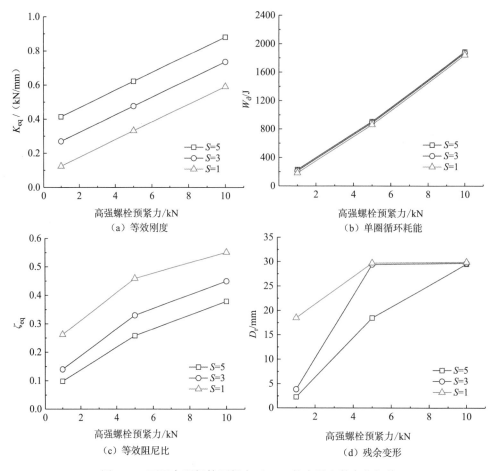

图 5-23　不同高强螺栓预紧力下 SFD 的力学参数变化规律

5.3　SMA-摩擦阻尼器在大跨空间结构中的减振性能分析

5.3.1　耗能减振原理

　　地震作用下，输入结构的能量可以分为三个部分，即结构的动能、结构的应变能与结构的阻尼耗能，其中结构的应变能为结构振动过程中储存在结构内部的势能，包括弹性应变能与塑性应变能。

$$E_{in} = E_k + E_s + E_c \tag{5-14}$$

$$E_s = E_e + E_p \tag{5-15}$$

式中，E_{in} 为输入结构的能量；E_k 为结构的动能；E_s 为结构的应变能；E_c 为结构的阻尼耗能；E_e 为结构的弹性应变能；E_p 为结构的塑性应变能。

当结构处于弹性阶段时，塑性应变能为 0，结构振动过程中弹性应变能和结构动能相互转化。当地震作用增大时，结构杆件的最大弹性应变能随之增大，直至杆件屈服，进入塑性阶段，杆件内部开始产生塑性应变能。塑性应变能的产生，意味着杆件出现了不可恢复的变形，这会对结构的安全产生极大的威胁。摩擦阻尼器替换杆件后，将杆件中的弹性应变能转化为摩擦产生的热能，耗散了结构输入的地震能量。

无控结构为未布置阻尼器的结构，其动力学方程可以表示为

$$M\ddot{U} + C\dot{U} + KU = -M\ddot{U}_g \tag{5-16}$$

有控结构为摩擦阻尼器替换杆件后的结构，其动力学方程可以表示为

$$M\ddot{U} + (\bar{C} + \Delta C)\dot{U} + (\bar{K} + \Delta K)U = -M\ddot{U}_g \tag{5-17}$$

式中，M 为结构的质量矩阵；C 为原结构阻尼矩阵；$\bar{C}$ 为替换杆件后除阻尼器外剩余结构的阻尼矩阵；ΔC 为阻尼器提供的附加等效阻尼矩阵；K 为原结构刚度矩阵；$\bar{K}$ 为替换杆件后除阻尼器外其余结构的刚度矩阵；ΔK 为阻尼器附加等效刚度矩阵；U、$\dot{U}$、$\ddot{U}$、$\ddot{U}_g$ 分别为双层球面网壳结构的节点位移向量、速度向量、加速度向量及地震加速度向量。

地震作用下，摩擦阻尼器替换杆件为结构提供了附加等效阻尼矩阵 ΔC，使得结构阻尼增加，从而达到耗能减振的目的。

5.3.2　阻尼器布置方法

本章以模态附加阻尼比为基础，对 SFD 在双层球面网壳中的布置进行了研究。首先，对模态附加阻尼比的相关概念进行介绍。

结构的附加阻尼比为

$$\xi_a = \frac{W_c}{4\pi W_s} \tag{5-18}$$

式中，W_c 为消能阻尼器往复一周消耗的能量；W_s 为惯性力作用下结构的总应变能。

将结构附加阻尼比的概念推广至模态中，即模态附加阻尼比，第 i 阶模态附加阻尼比为

$$\xi_{ai} = \frac{W_{ci}}{4\pi W_{si}} \tag{5-19}$$

式中，W_{ci} 为第 i 阶模态振动中阻尼器往复一周消耗的能量；W_{si} 为第 i 阶模态振动中惯性力作用下结构的总应变能。

忽略替换杆件引起的模态变化，第 i 阶模态振动中惯性力作用下结构的总应变能可以表示为

$$W_{si} = \frac{1}{2}F_i\varphi_i \tag{5-20}$$

式中，F_i 为第 i 阶模态振动中的惯性力幅值；φ_i 为无控结构的第 i 阶模态的位移分量，即第 i 阶模态振型。

第 i 阶模态振动中的惯性力幅值为

$$F_i = (K\varphi_i)^{\mathrm{T}} = \varphi_i^{\mathrm{T}} K^{\mathrm{T}} = \varphi_i^{\mathrm{T}} K \tag{5-21}$$

第 i 阶模态的模态应变能与单元 j 的单元模态应变能可以表示为

$$E_i = \varphi_i^{\mathrm{T}} K \varphi_i \tag{5-22}$$

$$E_{ij} = \varphi_i^{\mathrm{T}} K_j \varphi_i \tag{5-23}$$

式中，K_j 为单元 j 在整体坐标系中的单元刚度矩阵。

进一步地，可以得

$$W_{si} = \frac{1}{2}\varphi_i^{\mathrm{T}} K \varphi_i = \frac{1}{2} E_i \tag{5-24}$$

忽略替换杆件引起的模态变化，摩擦阻尼器在第 i 阶模态振动中往复一周消耗的能量可以近似地由理想刚塑性模型计算得出：

$$W_{ci} = \sum_{j=1}^{N_{\mathrm{D}}} 4 f d_{ij,\max} \tag{5-25}$$

式中，W_{ci} 为第 i 阶模态下阻尼器消耗的能量；N_{D} 为阻尼器数量；f 为阻尼器的滑动摩擦力；$d_{ij,\max}$ 为杆件 j 在第 i 阶模态振动中的变形幅值。将式（5-24）与式（5-25）代入式（5-19）中可以得

$$\xi_{ai} = \sum_{j=1}^{N_{\mathrm{D}}} \frac{2 f d_{ij,\max}}{\pi E_i} \tag{5-26}$$

对于大跨空间结构，第 i 阶模态中杆件 j 的单元模态应变能（E_{ij}）与杆件 j 的变形幅值（$d_{ij,\max}$）之间的关系可以近似地描述为

$$E_{ij} \propto d_{ij,\max}^2 \tag{5-27}$$

$$\sum_{j=1}^{N_{\mathrm{D}}} d_{ij,\max} \propto \sum_{j=1}^{N_{\mathrm{D}}} \sqrt{E_{ij}} \tag{5-28}$$

引入无量纲的单元模态应变能系数（β_{ij}），用于表示单元模态应变能（E_{ij}）在模态应变能（E_i）中的占比为

$$\beta_{ij} = \frac{E_{ij}}{E_i} \tag{5-29}$$

$$\sum_{j=1}^{N} \beta_{ij} = 1 \tag{5-30}$$

式中，N 为无控结构的杆件数量。

进一步地，联合式（5-26）、式（5-28）与式（5-29），可以得到模态附加阻尼比（ξ_{ai}）与单元模态应变能系数（β_{ij}）的关系为

$$\xi_{ai} \propto \sum_{j=1}^{N_D} \sqrt{\beta_{ij}} \qquad (5\text{-}31)$$

可见，第 i 阶模态的模态附加阻尼比（ξ_{ai}）与单元模态应变能系数（β_{ij}）成正相关。本章摩擦阻尼器的布置思路为替换第 i 阶模态中单元模态应变能系数（β_{ij}）大的杆件，综合考虑 N_m 阶模态振动，本节提出了第 j 根杆件的替换指标 J_j，即。

$$J_i = \sum_{i=1}^{N_m} \lambda_i \beta_{ij} \qquad (5\text{-}32)$$

式中，λ_i 为第 i 阶模态的权重。

本章研究的结构振动由地震引起，地震影响系数曲线为大量地震动加速度资料的统计结果，可以通过地震影响系数曲线模态自振频率所对应的值表示第 i 模态的权重（λ_i）。

5.3.3　四角锥双层球面网壳减振性能分析

本节选取跨度为 30m，厚度为 1m，矢跨比为 1/6 的四角锥型双层球面网壳。该模型节点数共计 309 个，共有 1168 根杆件。采用 ABAQUS 软件进行有限元建模，网壳结构采用理想弹塑性模型，结构阻尼器取 0.02。所有杆件均采用 Truss 单元 T3D2 进行模拟，网壳上弦杆、下弦杆及腹杆截面尺寸均为 ϕ76mm×4mm，杆件材料为 Q345 钢，屈服强度为 345MPa，弹性模量为 2×10^5MPa，泊松比为 0.3，符合 Mises 屈服准则。考虑杆件应变能[3]，选取最外环下弦径向杆及上弦第 5 圈环向杆作为 SFD 替换位置，未安装阻尼器的网壳为无控结构，安装有 SFD 的网壳为受控结构。无控结构和受控结构如图 5-24 和图 5-25 所示。为考虑在不同地震波下 SFD 的耗能减振效果，本节选取了共计 9 条地震波，如表 5-5 所示。在时程分析中，每条地震波最大水平加速度峰值均调幅为 4m/s²，3 个方向的峰值加速度比值为 $a_x : a_y : a_z$=1 : 0.85 : 0.65。

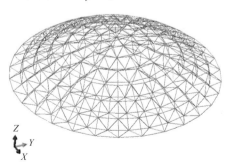

图 5-24　无控结构

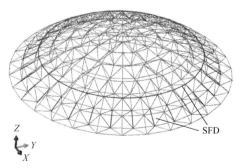

图 5-25　受控结构

表 5-5　本节选取的地震波

编号	站台	地震
1	Tianjin	天津宁河，中国，1976
2	Kakogawa	Kobe，Japan，1995
3	Taft	Kern County，USA，1952
4	Northridge	Whittier Narrows，USA，1987
5	El-Centro	Imperial Valley，USA，1940
6	BevertyHills	Whittier Narrows，USA，1987
7	JMA	Western Tottori，Japan，2000
8	Takatori	Kobe，Japan，1995
9	2516 Via Tejon PV	San Fernando，USA，1971

本章采用顶点加速度响应峰值和位移响应峰值减振率来描述减振效果[3]，其计算方式为

$$\beta_a = \frac{R_{a1} - R_{a2}}{R_{a1}} \times 100\% \tag{5-33}$$

$$\beta_x = \frac{R_{x1} - R_{x2}}{R_{x1}} \times 100\% \tag{5-34}$$

式中，β_a 与 β_x 分别为加速度和位移减振率；R_{a1} 与 R_{x1} 分别为无控结构加速度和位移响应峰值；R_{a2} 与 R_{x2} 为受控结构加速度和位移响应峰值。

图 5-26 和图 5-27 给出了在 9 条地震波下四角锥双层球面网壳无控结构与受控结构的加速度峰值与位移峰值对比。对于本节建立的四角锥双层球面网壳模型，计算结果表明，与无控结构相比，受控结构在不同地震作用下加速度峰值与位移峰值均有所下降，表明 SFD 在四角锥双层球面网壳中具有良好的耗能减振效果。其中，Tianjin 波下受控结构顶点竖向加速度减振率为 25.98%，位移减振率为 22.09%；El-Centro 波下减振效果最好，顶点竖向加速度及位移减振率分别达到了 59.95% 和 37.57%。在 9 条地震波下，顶点加速度减振率从 17.94% 至 59.95% 变化，减振率平均值为 30.26%；位移减振率平均值为 25.81%，最小减振率为 12.25%，最大减振率为 38.19%。无控结构与受控结构地震响应峰值具体数值见表 5-6。以上分析表明，新型 SFD 应用于角锥形双层球面网壳可以有效减小结构的地震响应。

5.3.4　张弦梁结构减振性能分析

近年来，各种预应力大跨结构得到了广泛应用，其抗震性能也越来越受到人们的重视。张弦梁结构是近十余年发展起来的一种大跨度预应力空间结构体系，

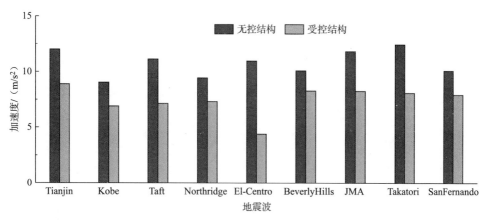

图 5-26　不同地震波下四角锥双层球面网壳无控结构与受控结构的加速度峰值对比

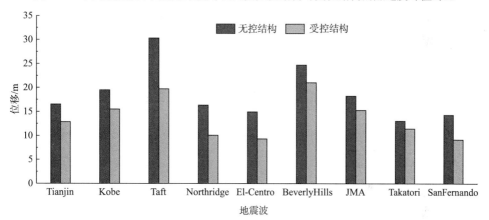

图 5-27　不同地震波下四角锥双层球面网壳无控结构与受控结构的位移峰值对比

表 5-6　无控结构与受控结构地震响应峰值具体数值

地震波	加速度峰值			位移峰值		
	无控结构/ （m/s²）	受控结构/ （m/s²）	减振率/%	无控结构/mm	受控结构/mm	减振率/%
Tianjin	12.01	8.89	25.98	16.52	12.87	22.09
Kobe	9.04	6.91	23.56	19.49	15.51	20.42
Taft	11.13	7.15	35.76	30.32	19.73	34.93
Northridge	9.44	7.32	22.46	16.34	10.10	38.19
El-Centro	10.96	4.39	59.95	14.96	9.34	37.57
BeverlyHills	10.09	8.28	17.94	24.74	21.07	14.83
JMA	11.82	8.25	30.20	18.26	15.30	16.21
Takatori	12.45	8.08	35.10	13.06	11.46	12.25
SanFernando	10.08	7.92	21.43	14.32	9.19	35.82

属于一种新型的杂交结构。该结构是一种自平衡体系，一般设计为一端固支一端简支。张弦梁结构的基本受力特点是通过张拉下弦高强度拉索使撑杆产生向上的分力，导致上弦构件产生与外荷载作用下相反的内力和变位，从而降低上弦构件的内力，减小结构的变形，联系索与梁之间的撑杆对于上弦梁起到了弹性支撑作用。本节选取了单榀张弦梁结构进行地震响应和减振性能分析。

本节中采用的单榀张弦梁模型跨度为 60m，上弦拱矢高为 3m，下弦拉索垂度为 5m，采用抛物线型布置，拉索预拉力为 8kN。沿 x 轴正向端部支承为左端固定铰，右端滑动支座。单榀张弦梁尺寸如图 5-28 所示，各构件截面尺寸见表 5-7。

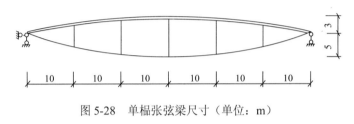

图 5-28　单榀张弦梁尺寸（单位：m）

表 5-7　各构件截面尺寸

尺寸	梁	撑杆	下弦索
截面尺寸	300mm×400mm×12mm	$\phi159$mm×6mm	5mm×105mm
面积	16200mm^2	2884mm^2	2062mm^2

考虑到张弦梁结构的受力特性及振动特性，将 SFD 设置于中间撑杆位置，无控结构和受控结构如图 5-29 和图 5-30 所示。

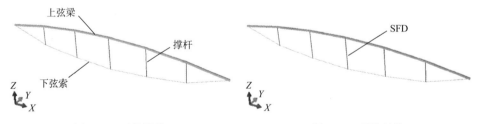

图 5-29　无控结构　　　　　　　　　　图 5-30　受控结构

选取与 5.3.3 节相同的 9 条地震波作为结构的输入激励，每条地震波加速度峰值调整为 0.4g，三向加速度 $a_x : a_y : a_z = 1 : 0.85 : 0.65$。图 5-31 和图 5-32 分别给出了在 JMA 波下无控结构与受控结构的加速度时程曲线与位移时程曲线。从图 5-31 和图 5-32 中可以看到，与无控结构相比，受控结构在地震动较大时加速度与位移均有较大幅度降低，而在较小地震动下没有明显差异。图 5-33 和图 5-34 给出了在 9 条地震波下无控结构与受控结构的加速度峰值与位移峰值，可以看到在不同地震波下减振效果也有较大的差别。由分析可知，与无控结构相比，受控结构在不同地震作用下加速度峰值与位移峰值均有所下降，表现出良好的减振效果。其中，Taft 波下受控结构顶点竖向加速度减振率为 27.87%，位移减振率为39.98%；JMA 波下受控结构顶点竖向加速度及位移减振率分别为 28.62%和52.61%；BeverHills 波下减振效果最好，顶点竖向加速度及位移减振率分别达到了 46.36%和52.28%。在 9 条地震波下，顶点加速度减振率最大为 46.47%，最小为 2.70%，平均为 21.81%；位移减振率最大值、最小值和平均值分别为 52.61%、11.81%及 31.25%。无控结构与受控结构地震响应峰值见表 5-8。以上研究结果证明了本章提出的新型 SFD 在张弦梁结构减振控制中的有效性。

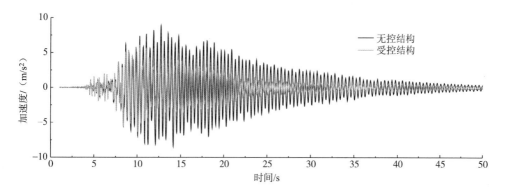

图 5-31　JMA 波下无控结构与受控结构的加速度时程曲线

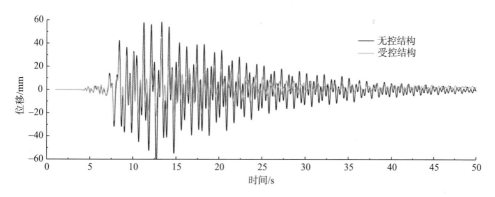

图 5-32　JMA 波下无控结构与受控结构的位移时程曲线

5.3.5　弦支穹顶结构减振性能分析

本节选取的弦支穹顶结构跨度为 80m，矢跨比为 1/10，结构阻尼比取 0.02。结构最外圈径向杆和环向杆截面尺寸为 $\phi315\text{mm}\times10\text{mm}$，撑杆为 $\phi219\text{mm}\times7\text{mm}$，其余杆件均为 $\phi245\text{mm}\times8\text{mm}$，拉索直径为 60mm。最外圈向内拉索预拉力分别为600kN、450kN、300kN 和 150kN。采用 ABAQUS 软件进行结构的有限元建模，

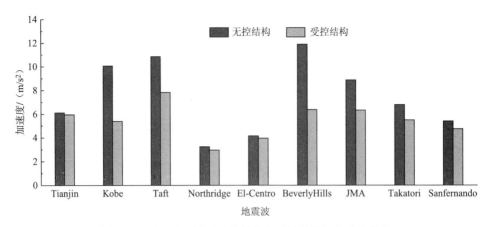

图 5-33　不同地震波下无控结构与受控结构的加速度峰值

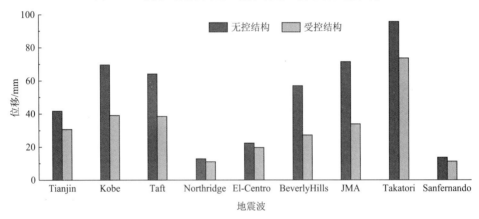

图 5-34　不同地震波下无控结构与受控结构的位移峰值

表 5-8　无控结构与受控结构地震响应峰值

地震波	加速度峰值			位移峰值		
	无控结构/ (m/s²)	受控结构/ (m/s²)	减振率/%	无控结构/ mm	受控结构/ mm	减振率/%
Tianjin	6.13	5.96	2.70	41.75	30.72	26.41
Kobe	10.07	5.39	46.47	69.64	39.07	43.89
Taft	10.85	7.83	27.87	64.14	38.50	39.98
Northridge	3.24	2.97	8.51	12.81	11.07	13.62
El-Centro	4.15	3.96	4.54	22.34	19.70	11.81
BeverlyHills	11.91	6.39	46.36	57.05	27.23	52.28
JMA	8.88	6.34	28.62	71.47	33.87	52.61
Takatori	6.80	5.50	19.16	95.63	73.65	22.98
SanFernando	5.40	4.75	12.10	13.63	11.22	17.69

上部网壳杆件采用 Beam 单元 B31 进行模拟,撑杆及下弦索采用 Truss 单元 T3D2 进行模拟。网壳杆件均选用 Q355 钢材,弹性模量为 $2.05 \times 10^5 \text{N/mm}^2$,泊松比为 0.3,拉索弹性模型为 $1.8 \times 10^5 \text{N/mm}^2$,符合 Mises 屈服准则。根据弦支穹顶结构的受力特点及 SFD 的工作原理,将阻尼器替换布置于最内圈及最外圈竖向撑杆位置。无控结构及受控结构如图 5-35 和图 5-36 所示。

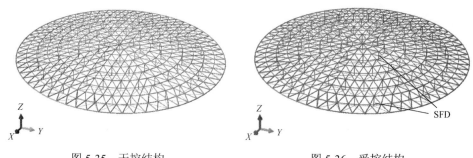

图 5-35　无控结构　　　　　　　　　　　图 5-36　受控结构

选取与 5.3.4 节相同的 9 条地震波作为结构的输入激励,每条地震波加速度峰值调整为 0.4g,三向加速度 $a_x : a_y : a_z = 1 : 0.85 : 0.65$。图 5-37 和图 5-38 给出了在 9 条地震波下无控结构与受控结构的加速度峰值与位移峰值。分析表明,将 SFD 应用于弦支穹顶结构中,与无控结构相比,受控结构在各地震动下加速度峰值与位移峰值均有所下降,表现出了良好的减振效果,加速度减振率为 0.17%～32.87%,位移减振率为 3.45%～35.90%。其中,Tianjin 波和 BeverHills 波下减振效果较好,受控结构顶点竖向加速度减振率分别为 23.91% 和 32.87%,位移减振率分别为 20.41% 和 30.52%;Kobe 波下减振效果较差,加速度减振率和位移减振率分别为 0.17% 和 3.45%。在 9 条地震波下,顶点加速度减振率平均为 12.98%,位移减振率平均为 18.60%。无控结构与受控结构的地震响应峰值见表 5-9。以上研究结果表明,本章提出的新型 SFD 也可以有效减小弦支穹顶结构的地震响应。

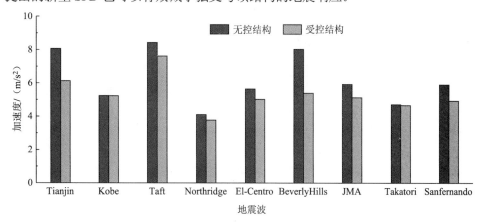

图 5-37　不同地震波下无控结构与受控结构的加速度峰值

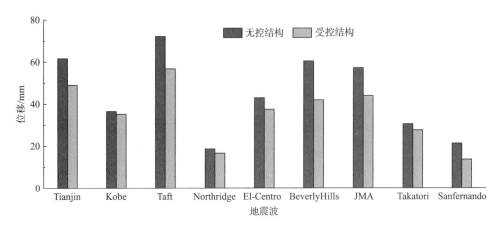

图 5-38 不同地震波下无控结构与受控结构的位移峰值

表 5-9 无控结构与受控结构的地震响应峰值

地震波	加速度峰值			位移峰值		
	无控结构/（m/s²）	受控结构/（m/s²）	减振率/%	无控结构/mm	受控结构/mm	减振率/%
Tianjin	8.06	6.14	23.91	61.58	49.01	20.41
Kobe	5.24	5.23	0.17	36.49	35.23	3.45
Taft	8.43	7.62	9.64	72.11	56.72	21.33
Northridge	4.10	3.77	7.99	18.62	16.64	10.62
El-Centro	5.64	5.02	10.97	42.93	37.47	12.73
BeverlyHills	8.03	5.39	32.87	60.35	41.93	30.52
JMA	5.93	5.12	13.61	57.12	43.96	23.05
Takatori	4.71	4.66	0.96	30.44	27.57	9.41
SanFernando	5.91	4.93	16.66	21.25	13.62	35.90

5.3.6 地震强度对大跨空间结构的减振性能影响分析

选取凯威特 K6 型双层球面网壳作为分析对象，网壳跨度 90m，矢跨比为 1/6。该网壳结构中环杆截面尺寸为 ϕ114mm×4mm，弦杆截面尺寸为 ϕ133mm×6mm，腹杆截面尺寸为 ϕ76mm×4mm。网壳杆件均选用 Q355 钢材，弹性模量为 $2.05×10^5$N/mm²，泊松比为 0.3，符合 Mises 屈服准则。

采用 ABAQUS 软件建立 K6 型双层球面网壳的整体结构模型。网壳杆件均采用杆单元 T3D2 进行模拟。屋面荷载等效为节点质量，结构阻尼比为 0.02。SFD 采用 Connector 单元模拟，将阻尼器替换为通过顶点的 6 条径向斜腹杆与第 9 环径向斜腹杆。无控结构及受控结构如图 5-39 和图 5-40 所示。

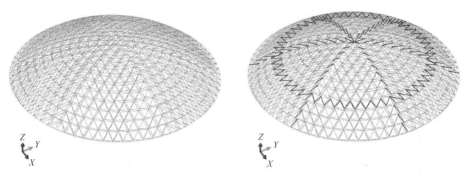

图 5-39　无控结构　　　　　　　　　图 5-40　受控结构

　　为考虑不同地震波和不同地震强度下 SFD 在大跨空间结构减振性能的有效性，选取 5 个 PGA（0.2g、0.4g、0.6g、0.8g 和 1.0g），9 条地震波共计 90 种模型工况，其中每条地震波激励三向输入，三向加速度 $a_x : a_y : a_z$=1：0.85：0.65。

　　图 5-41 和表 5-10 给出了在不同 PGA 下无控结构与受控结构的竖向加速度响应峰值。随着地震动强度的增加，SFD 的减振效果逐渐提升。当 PGA=0.2g 时，结构的加速度地震响应并没有明显的变化，其中 El-Centro 波、BeverlyHills 波、JMA 波及 Takatori 波下峰值减振率在 10% 以内，而其余地震波下均出现了较小的加速度峰值放大现象。随着地震动强度的增加，SFD 的减振率逐渐提高。当 PGA=0.4g 时，各条地震波下顶点加速度峰值减振率平均为 10.90%；而当 PGA=0.6g、0.8g 和 1.0g 时，平均减振率分别为 19.17%、21.06% 和 21.89%。在所有工况下，加速度响应峰值减振率最大可达 42.07%。

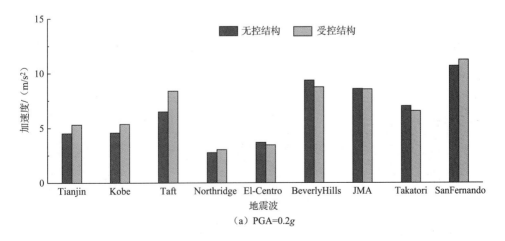

（a）PGA=0.2g

图 5-41　在不同 PGA 下无控结构与受控结构
的竖向加速度响应峰值

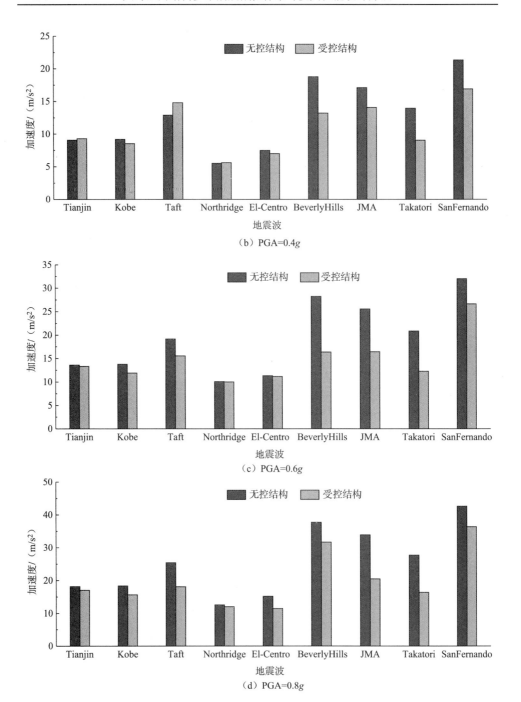

（b）PGA=0.4g

（c）PGA=0.6g

（d）PGA=0.8g

图 5-41（续）

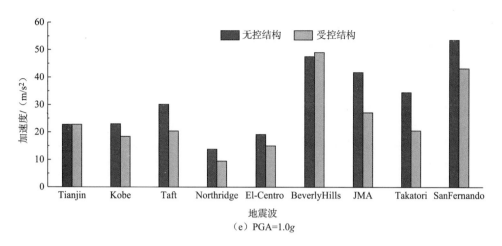

（e）PGA=1.0g

图 5-41（续）

表 5-10　在不同 PGA 下无控结构与受控结构的竖向加速度响应峰值

地震波	PGA	无控结构加速度峰值/（m/s²）	受控结构加速度峰值/（m/s²）	减振率/%
Tianjin	0.2g	4.53	5.32	−17.48
	0.4g	9.06	9.28	−2.42
	0.6g	13.59	13.31	2.12
	0.8g	18.15	17.05	6.08
	1.0g	22.72	22.76	−0.19
Kobe	0.2g	4.58	5.37	−17.11
	0.4g	9.18	8.52	7.20
	0.6g	13.77	11.90	13.62
	0.8g	18.37	15.65	14.83
	1.0g	22.98	18.40	19.92
Taft	0.2g	6.50	8.39	−28.99
	0.4g	12.89	14.80	−14.78
	0.6g	19.17	15.54	18.95
	0.8g	25.41	18.12	28.71
	1.0g	30.15	20.38	32.41
Northridge	0.2g	2.75	3.03	−9.89
	0.4g	5.51	5.61	−1.84
	0.6g	10.08	10.01	0.61

续表

地震波	PGA	无控结构加速度峰值/（m/s²）	受控结构加速度峰值/（m/s²）	减振率/%
Northridge	0.8g	12.59	12.04	4.36
	1.0g	13.78	9.45	31.42
El-Centro	0.2g	3.69	3.45	6.51
	0.4g	7.49	6.99	6.57
	0.6g	11.33	11.17	1.42
	0.8g	15.21	11.48	24.53
	1.0g	19.14	15.00	21.61
BeverlyHills	0.2g	9.36	8.75	6.52
	0.4g	18.77	13.21	29.62
	0.6g	28.23	16.36	42.07
	0.8g	37.75	31.72	15.97
	1.0g	47.52	49.02	−3.15
JMA	0.2g	8.58	8.55	0.40
	0.4g	17.10	14.08	17.67
	0.6g	25.56	16.42	35.76
	0.8g	33.94	20.49	39.62
	1.0g	41.77	27.15	35.00
Takatori	0.2g	7.01	6.56	6.43
	0.4g	13.96	9.04	35.23
	0.6g	20.86	12.27	41.17
	0.8g	27.70	16.39	40.82
	1.0g	34.48	20.51	40.51
SanFernando	0.2g	10.68	11.24	−5.28
	0.4g	21.34	16.90	20.82
	0.6g	32.00	26.63	16.77
	0.8g	42.65	36.41	14.64
	1.0g	53.61	43.19	19.44

　　图 5-42 和表 5-11 给出了在不同地震强度下无控结构与受控结构的顶点位移响应峰值。顶点位移响应峰值在不同地震波不同 PGA 下均有较好的减振率。当 PGA=0.2g 时，各地震波下顶点位移峰值响应平均减振率为 12.43%，其中 BeverlyHills 波下减振效果最好，达到了 27.5%；当 PGA=0.4g 时，各地震波下位移减振率平均为 31.87%，减振效果有较大的提升；当 PGA=0.6g、0.8g 及 1.0g 时，位移响应峰值平均减振率为 34.79%、38.39% 和 37.53%，其中在 PGA=1.0g 时，

Kobe 下的位移减振率高达 56.78%。

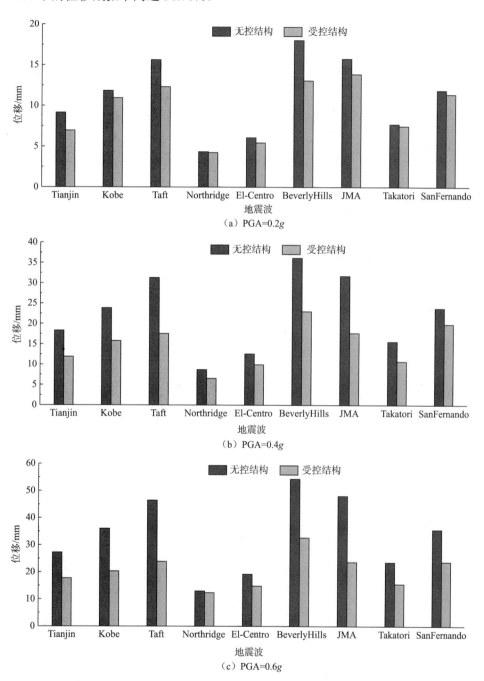

（a）PGA=0.2g

（b）PGA=0.4g

（c）PGA=0.6g

图 5-42　在不同地震强度下无控结构与受控结构的顶点位移响应峰值

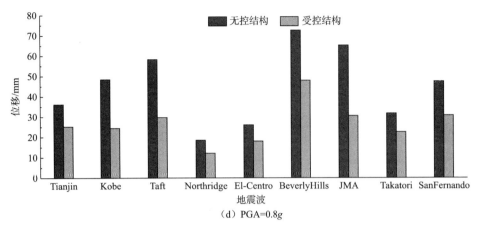

（d）PGA=0.8g

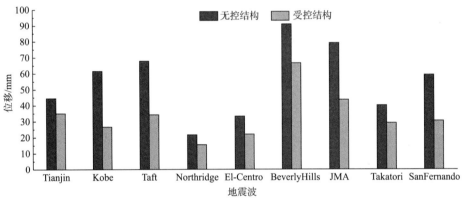

（e）PGA=1.0g

图 5-42（续）

表 5-11　在不同地震强度下无控结构与受控结构的顶点位移响应峰值

地震波	PGA	无控结构位移峰值/（m/s^2）	受控结构位移峰值/（m/s^2）	减振率/%
Tianjin	0.2g	9.15	6.95	23.96
	0.4g	18.31	11.90	34.99
	0.6g	27.23	17.70	35.01
	0.8g	36.17	25.17	30.40
	1.0g	44.47	35.00	21.29
Kobe	0.2g	11.85	10.95	7.54
	0.4g	23.86	15.79	33.82
	0.6g	36.05	20.33	43.60
	0.8g	48.42	24.40	49.60

续表

地震波	PGA	无控结构位移峰值/（m/s²）	受控结构位移峰值/（m/s²）	减振率/%
Kobe	1.0g	61.52	26.59	56.78
Taft	0.2g	15.64	12.33	21.15
	0.4g	31.31	17.55	43.95
	0.6g	46.48	23.87	48.64
	0.8g	58.22	29.75	48.90
	1.0g	67.83	34.21	49.57
Northridge	0.2g	4.34	4.25	2.05
	0.4g	8.65	6.51	24.73
	0.6g	12.94	12.34	4.64
	0.8g	18.53	12.12	34.61
	1.0g	21.67	15.50	28.48
El-Centro	0.2g	6.07	5.44	10.46
	0.4g	12.59	9.94	21.03
	0.6g	19.23	14.79	23.09
	0.8g	26.00	18.00	30.75
	1.0g	33.26	22.03	33.75
BeverlyHills	0.2g	18.04	13.08	27.50
	0.4g	36.14	22.99	36.41
	0.6g	54.33	32.65	39.92
	0.8g	72.60	47.93	33.99
	1.0g	90.93	66.59	26.77
JMA	0.2g	15.76	13.87	12.00
	0.4g	31.70	17.68	44.23
	0.6g	48.07	23.67	50.76
	0.8g	65.22	30.58	53.11
	1.0g	79.12	43.59	44.90
Takatori	0.2g	7.71	7.47	3.15
	0.4g	15.57	10.70	31.26
	0.6g	23.57	15.52	34.17
	0.8g	31.76	22.53	29.06
	1.0g	40.10	29.08	27.49
SanFernando	0.2g	11.89	11.39	4.14
	0.4g	23.75	19.85	16.44
	0.6g	35.60	23.74	33.31
	0.8g	47.43	30.78	35.10
	1.0g	59.23	30.40	48.68

以上分析结果表明,在不同地震强度下 SFD 均表现出了良好的耗能减振效果,在小震时加速度减振效果较差,随着地震强度的提高,加速度与位移减振均大幅增加,验证了该阻尼器在不同地震强度下耗能减振的有效性。

本 章 小 结

本章提出一种新型 SFD,并阐明其构造及工作原理,对其滞回性能进行了试验研究和数值分析。将 SFD 应用于大跨空间结构减振控制,对比了不同地震波、不同结构形式及不同地震动下该阻尼器对结构地震响应的影响。本章主要结论如下。

1)SFD 滞回曲线饱满,具有良好的耗能能力;加载频率对阻尼器的滞回性能影响较小,可以忽略不计;随着位移幅值的增加,阻尼器等效刚度有所下降,单圈循环耗能提升十分明显;SMA 丝的引入使得阻尼器具有了一定的自复位能力;通过增加高强螺栓预紧力可显著提高 SFD 的刚度特性;通过调节高强螺栓预紧力与 SMA 丝数量,可实现不同的刚度特性与自复位特性,以满足实际工程中的不同需求。

2)在 9 条地震波下,将 SFD 应用于四角锥双层球面网壳、张弦梁结构及弦支穹顶结构中,加速度减振率平均值分别为 30.26%、21.81% 和 12.98%,位移减振率平均值分别为 25.81%、31.25% 和 18.60%。SFD 均表现出了良好的耗能减振效果。

3)在不同地震强度下,将 SFD 应用在 K6 型双层球面网壳中,加速度减振率最大为 42.07%,位移减振率最大为 53.11%。随着地震强度的增加,减振效果也逐渐提升。结果表明,SFD 可以有效减小大跨空间结构的地震响应。

参 考 文 献

[1] 徐昕. 新型扇形铅粘弹性阻尼器性能及应用研究 [D]. 广州:广州大学,2012.

[2] ZHUANG P,XUE S,NIE P,et al. Experimental and numerical study on hysteretic performance of SMA spring-friction bearings [J]. Earthquake Engineering and Engineering Vibration,2016,15(4):597-609.

[3] 郝光钦. 新型钢管摩擦阻尼器滞回性能及双层球面网壳振动控制研究 [D]. 天津:天津大学,2019.

[4] 王文婷. 新型 SMA 弹簧-摩擦阻尼器在网壳结构中的减振性能 [D]. 北京:北京建筑大学,2017.

第6章 大跨空间结构风效应研究

6.1 大跨度空间结构风荷载特性分析

6.1.1 风荷载特性分析基本理论

目前结构风荷载特性研究的方法主要分为三类：现场实测、风洞试验和数值模拟[1]。

1. 现场实测

现场实测是指将结构同比尺寸的试验模型置于其实际风场下进行测量，其优点是测试结果真实可靠，且能体现现实工况，对风洞试验和数值计算研究都具有直接的指导意义；其缺点是现场实测费用过高，并且受气候条件的限制和影响，人为难以控制。

2. 风洞试验

风洞试验是指将缩尺结构放置于一个特殊设计的管道内，用动力设备产生一股近似真实大气情况而又可控制的气流，以测量各类空气动力下的结构响应。风洞试验方法目前已经有了比较成熟的发展应用，因此公认为比较可靠。但是，在风洞中真实地模拟结构周围的风场环境也是相当困难的，许多物理参量，如 Jensen 数、Renolds 数、Rossby 数的相似性要求很难同时得到满足，如风洞中对风的复杂湍流结构、绕流脉动及高雷诺数（Re）的模拟等仍存在较大困难。

风在高空处以层流形式流动，其风速称为梯度风速；在接近地面时，由于受到地表阻力的影响，导致风速减慢并逐步发展为混乱无规则的湍流。受地表干扰的近地面大气层称为大气边界层，其厚度称为梯度风高度。由于大气边界层的风特性对建筑物上的风效应影响显著，因此风洞试验首先要模拟大气边界层内的风特性。

实测风速曲线表明，除了初始一段时间以外，风基本上是平稳随机过程，可处理成平均风和脉动风两部分。风速记录的平均时长 $T=10\text{min}$，当风为长周期脉动，即 $T>10\text{min}$ 时，可近似认为风速不随时间变化，即平均风，其对建筑物的作用具有静力性质；当风为短周期脉动，即 $T<10\text{min}$ 时，为湍流或阵风，其对建筑物的作用具有动力性质。

风速沿高度的变化规律表征了地表摩擦对不同高度处风速的影响。Hellman 提出用指数律来描述不同高度处的平均风速，即

$$U(z) = U_r \left(\frac{z}{z_r} \right)^{\alpha} \tag{6-1}$$

式中，U_r 为参考高度 z_r 处的风速；z 为高度值；α 为粗糙度指数。

指数律假设粗糙度指数 α 在梯度高度内保持不变，并且梯度风高度仅为 α 的函数。由于指数律的表达简单，因此目前国内外都倾向于用指数律来描述风剖面。

近地风在流动过程中由于受到地表因素的干扰，产生大小不同的涡旋，这些涡旋的叠加作用在宏观上表现为速度的随机脉动。强风记录表明，如果忽略初始阶段的严重非平稳区域，其概率密度接近于正态分布，因此可将脉动风看作各态历经的平稳随机过程，可以从湍流强度和风速功率谱两个方面来描述。

湍流强度是对脉动风总能量的度量。各个方向的湍流强度可进行如下定义。

顺风向

$$I_u = \frac{\sigma_u}{\overline{U}} \tag{6-2}$$

侧向

$$I_v = \frac{\sigma_v}{\overline{U}} \tag{6-3}$$

竖向

$$I_w = \frac{\sigma_w}{\overline{U}} \tag{6-4}$$

其中湍流脉动值可写为

$$\sigma_u^2 = \beta u_*^2 \tag{6-5}$$

$$u_* = \kappa \overline{U}_{10} / \ln(10 / z_0) \tag{6-6}$$

式中，I_u、I_v 和 I_w 分别为顺风向、侧向和竖向湍流强度；σ_u、σ_v 和 σ_w 分别为顺风向、侧向和竖向脉动速度均方根；$\overline{U}$ 为平均风速；$\overline{U}_{10}$ 为 10m 高度处平均风速；u_* 为湍流脉动值；κ 为卡门常数；z_0 为地面粗糙度；β 为比例系数。z_0 和 β 按照地形取值[2]。

脉动风功率谱反映了脉动风能量随频率的变化情况。目前常用的脉动风功率谱包括 Davenport 谱、Kaimal 谱和 Karman 谱等。

Davenport 谱的湍流积分尺度取 1200m，表达式为

$$\frac{nS(n)}{u_*^2} = \frac{4f^2}{(1+f^2)^{4/3}} \tag{6-7}$$

$$f = (nL)/\overline{U}_{10} \tag{6-8}$$

式中，n 为脉动风频率；$S(n)$ 为自谱密度函数；L 为湍流积分尺度。

当 $nL/\overline{U}_{10} = 2.16$ 时谱值最大，脉动风的卓越频率在 $0.10 \sim 0.01\text{Hz}$。

制作好风洞试验模型，设置好参考点后，通过测压计测得作用于模型上风压力，随后进行数据处理。

平均风压系数为

$$C_\text{p} = \frac{\overline{P - P_\infty}}{q_\text{H}} \tag{6-9}$$

$$\overline{P - P_\infty} = \frac{1}{N}\sum_{i=1}^{N}(P_i - P_\infty) \tag{6-10}$$

式中，C_p 为平均分压系数；P 为测点表面风压值；P_∞ 为参考点处的平均静压；P_i 为第 i 个测点表面风压值；q_H 高度 H 处的速度压力；N 为测点个数。

脉动风压系数为

$$C_\text{p}' = \frac{\sigma_\text{p}}{q_\text{H}} \tag{6-11}$$

$$\sigma_\text{p} = \sqrt{\frac{1}{N-1}\sum_{i=1}^{N}(P_i - \overline{P})^2} \tag{6-12}$$

式中，σ_p 为风压均方根。

最大瞬时风压系数为

$$\hat{C}_\text{p} = \frac{\hat{p}}{q_\text{H}} \tag{6-13}$$

式中，$\hat{p}$ 为测点表面最大瞬时风压。

最小瞬时风压系数为

$$\check{C}_\text{p} = \frac{\check{p}}{q_\text{H}} \tag{6-14}$$

$$q_\text{H} = q_\text{Z}\left(\frac{H}{Z}\right)^{2\alpha} \tag{6-15}$$

式中，$\check{p}$ 为测点表面最小瞬时风压；q_Z 为高度 Z 处的速度压力；α 为粗糙度指数。

3. 数值模拟

随着计算机技术和数值方法的迅速发展，计算流体动力学（computational fluid dynamics，CFD）数值模拟方法已成为测定建筑物风荷载及其风环境的一种新的有效方法，目前国内外已有许多学者对数值模拟方法进行了进一步完善。数值模拟方法与传统方法相比，其周期短、费用少，可以较方便地全面考虑各种因素的影响。但是，数值模拟方法的缺点也不可忽视，目前该方法不能完全与实测结果相吻合，吻合程度除了与数值模拟固有的缺陷有关外，还与分析人员建模、参数设置、湍流模型选择等因素直接相关。

CFD 数值模拟技术的理论核心是钝体空气动力学。当流体接触到钝体时，流体在物面产生大范围的分离并形成宽阔的尾流，常伴有旋涡脱落现象。

流体运动的控制方程包括质量守恒方程（6-16）、动量守恒方程（6-17）和流体本构方程[3]，即

$$\frac{\partial u_1}{\partial x_1}+\frac{\partial u_2}{\partial x_2}+\frac{\partial u_3}{\partial x_3}=0 \tag{6-16}$$

$$\frac{\partial u_i}{\partial t}+\sum_{j=1}^{3}u_j\frac{\partial u_i}{\partial x_j}=-\frac{1}{\rho}\frac{\partial p}{\partial x_i}+\frac{u}{p}\left(\sum_{j=1}^{3}u_j\frac{\partial^2 u_i}{\partial x_j^2}\right) \tag{6-17}$$

式中，u_1、u_2、u_3 为 x_1、x_2、x_3 方向的速度分量；p 为压力。

质量守恒即通过控制体表面的质量流量等于控制体内部的质量变化。其中，控制体积为边界存在质量、动量交换的任意空间体积，质量流量为单位时间内通过控制体表面的流体质量。质量守恒方程（6-16）为忽略大气可压缩性和温度变化因素的连续方程。

动量守恒即控制体的动量变化率等于作用在控制体上的外力合力。动量守恒方程（6-17）为 Navier-Stokes 方程，是一个非线性偏微分方程，目前只在某些十分简单的流动问题上能求得精确解。式（6-17）中，$\frac{\partial u_i}{\partial t}$ 为瞬态项；$\sum_{j=1}^{3}u_j\frac{\partial u_i}{\partial x_j}$ 为对流项；$-\frac{1}{\rho}\frac{\partial p}{\partial x_i}$ 为源项；$\frac{u}{p}\left(\sum_{j=1}^{3}u_j\frac{\partial^2 u_i}{\partial x_j^2}\right)$ 为耗散项，$\frac{u}{p}$ 可定义为运动黏性系数，用 v 代替。

6.1.2　单体大跨度结构风荷载特性研究

1. 单体大跨度平屋盖结构风荷载特性研究

在对大跨度平屋盖结构进行风工程数值模拟研究时，将无限大的流场区域用一个有限的封闭几何图形代替，该几何图形即为计算域。该几何图形要求对数值模拟结果不产生影响，即计算域不宜太小；同时为保证计算量不宜过大，计算域也不宜太大。计算模型与计算域入口的距离为 L_1，计算模型尾部与计算域出口距离为 L_2，计算域迎风面宽度为 B，计算域高度为 H；模型高度为 h，长度为 l，宽度为 b，如图 6-1 和表 6-1 所示。

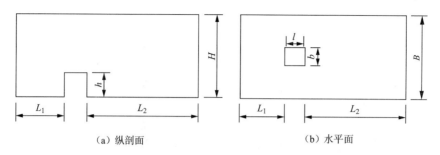

（a）纵剖面　　　　　　　　　　　　（b）水平面

图 6-1　计算域

表 6-1　计算域

计算模型尺寸	$L \times B \times H$
计算域	$L_1=5l$, $L_2=15l$, $H=8h$, $B=10b$

　　以大连市市民健身中心为例进行模拟，结构最大跨径为 144.00m，最大宽度为 62.60m，结构分 4 层，每层高度分别为 5.65m、3.65m、3.35m 和 11.00m。其结构模型如图 6-2 所示。在距离结构前后方 200m，其他方向 100m 处建立一网格加密区，计算域模型如图 6-3 所示。

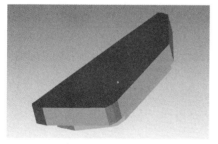
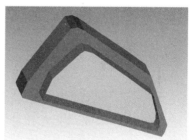

（a）结构模型（一）　　　　　　　　（b）结构模型（二）

图 6-2　结构模型

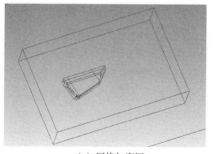
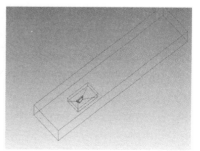

（a）网格加密区　　　　　　　　　　（b）外流场

图 6-3　计算域模型

图 6-4 给出了 0°风向角下大跨度屋盖结构风压系数的 CFD 数值模拟结果。

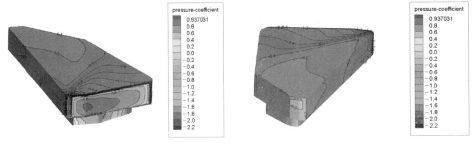

(a) 0°风向角下迎风面平均风压系数 　　(b) 0°风向角下背风面平均风压系数

图 6-4　0°风向角下大跨度屋盖结构风压系数的 CFD 数值模拟结果

1）平屋盖表面的风压以负压为主，即平屋盖表面受力以吸力为主。来流在迎风面前缘分离形成明显的锥形涡，由于旋涡中存在很大的逆压梯度，导致气流分离处会形成很大的负压；而其他区域受尾流影响，风压较小。也就是说，靠近平屋盖迎风面的部位风负压较大；远离迎风面的部位风负压逐渐减小，风吸力逐渐减弱，即距离越远，负压越小。

2）迎风面全部为正压，最大值出现在迎风面上部分结构处中央。其风压系数值约为 0.96。模型迎风面两侧风压分布起初有对称分布的趋势，但由于结构的不对称性，在迎风面相邻截面上的风压逐渐呈现不对称性。

3）侧面和背风面受负压作用，模型负压系数最大值为−2.4，可见平屋盖属于负压系数较大的屋盖结构。侧面和屋盖平面最大负压出现在靠近迎风面气流分离处，即迎风面与相邻截面接壤处。该区域负压梯度较大，负压变化强烈，出现很强的流动分离现象。因此在对结构进行设计时，应对此屋盖部位进行局部处理。背风面主要受尾流影响，负压分布较为均匀，变化不大。

4）图 6-5 为模型竖直剖面的风速矢量图，图中的箭头的颜色和指向表示该处风速的大小和方向。来流在迎风面屋盖上表面处发生明显的流动分离、再附现象，风速梯度大。此处同时也是负压大小和梯度最大区域，数值模拟较好反映迎风面屋盖悬挑部分处的环流、涡流的产生等复杂的湍流形态和流动规律。同时，背风面处因受尾流的影响，风速梯度较小。

模型结构在实际过程中往往受到来自不同方向的风压影响，不同来流方向下的流场对结构的影响主要取决于结构自身形状和周边建筑分布的影响，特别是外形不规则的结构模型。因此，需要对结构不同风向角下的风压分布特性进行研究，进而对结构进行加强设计。

针对上述情况，本节对大跨平屋盖结构 45°、90°风向角下的风压分布特性进行模拟，从而进行比较归纳。45°、90°风向角下屋面平均风压系数如图 6-6 和图 6-7 所示。

图 6-5　模型竖直剖面的风速矢量图

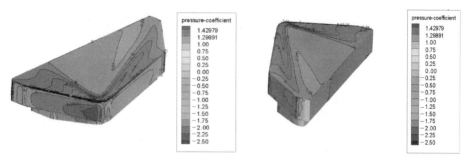

（a）45°风向角下迎风面平均风压系数　　　　（b）45°风向角下背风面平均风压系数

图 6-6　45°风向角下屋面平均风压系数

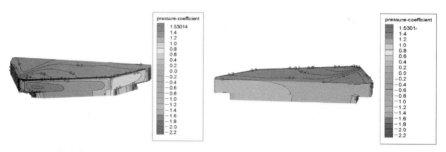

（a）90°风向角下迎风面平均风压系数　　　　（b）90°风向角下背风面平均风压系数

图 6-7　90°风向角下屋面平均风压系数

由图 6-6 和图 6-7 中可得出以下三点结论。

1）由数值模拟结果可知，在各个风向角下，平屋盖上表面主要表现为负压，即上表面主要表现为吸力；侧面和背风面主要表现为负压，且风压系数较小；迎风面主要表现为正压。正风压系数极值点出现在迎风面上；而负风压系数极值点主要出现在各侧面接壤处，即气流分界处。

2）通过数值模拟，可以看出三种风向角下，屋面平均负压最大的地方均出现在迎风面边缘，设计时需要局部加强。

3）对比三种工况，可以发现背风面和侧面由于受尾流的影响，因此其负风压系数均相似，变化不大；而迎风面的正风压系数变化较大，0°风向角下最大值为 0.9，而 90°下的最大值为 1.6，可见迎风面的形状对迎风面上的风压大小有较大影响。

2. 单体大跨度圆屋盖结构风荷载特性研究

大跨度圆屋盖空间结构模型如图 6-8 所示，其具体尺寸为跨度 120m（半径 R 为 60m），底高 20m，矢高 20m。基于 Fluent 平台，采用雷诺应力模型 RSM 湍流模型对其进行数值模拟研究。其计算域网格划分如图 6-9 所示。

　　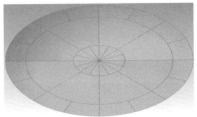

（a）正视图　　　　　　　　　　　　　（b）俯视图

图 6-8　大跨度圆屋盖空间结构模型

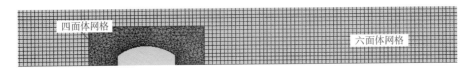

图 6-9　计算域网格划分

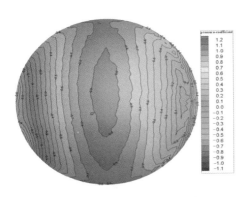

图 6-10　0°风向角下单体大跨度
圆屋盖结构屋面平均风压系数

大跨度圆屋盖结构为几何对称结构，因此不需要对结构不同风向角下的风压分布特性进行研究。图 6-10 给出了 0°风向角下单体大跨度圆屋盖结构屋面平均风压系数，可以看出以下两点。

1）大跨度圆屋盖结构屋面主要以负压为主，相较于平屋盖结构负压较小，最大负风压系数为-1.1，圆屋盖结构的抗风性较好。

2）大跨度圆屋盖结构屋面风压分布为条形分布，沿来流方向左右对称分布，且屋面最不利负压出现在屋面中心区域。

6.1.3 考虑干扰效应的大跨空间结构风荷载特性研究

1. 大跨度平屋盖结构风荷载特性研究

实际工况中，结构往往不是单一的存在，其结构周边必有许多其他阻挡结构，当不同的建筑结构相距较近时，它们之间在风荷载下的相互影响与单个建筑在空旷地段下的风荷载特性存在较大差异。因此，基于 Fluent 数值模拟方法，本节将对大连市市民健身中心与其周边其他建筑物共同进行研究。阻挡物与模型结构如图 6-11 所示。

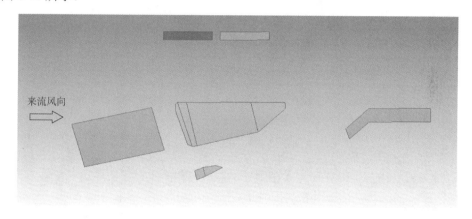

图 6-11 阻挡物与模型结构

为研究大跨度平屋盖结构的风致干扰特性，通过数值模拟方法可得以下结论。

1）由图 6-12 可以看出，由于前置建筑的"遮挡效应"，大跨度平屋盖结构屋面上的负压平均值明显降低，最不利负压下降了约 34%。大跨度平屋盖结构周边存在干扰建筑时，其迎风面边缘处仍是负压最大区域，出现较大的风压梯度。

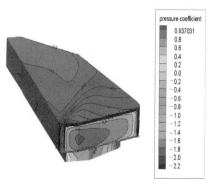

（a）无阻挡物平屋盖结构屋面风压系数

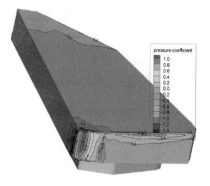

（b）有阻挡物平屋盖结构屋面风压系数

图 6-12 大跨度平屋盖结构屋面平均风压系数

2) 通过比较图 6-12，在有阻挡建筑下可以发现，大跨度平屋盖结构屋面风压主要以正压为主，分布更为均匀；由于来流在迎风面表面边缘形成锥形涡，单体大跨度平屋盖结构屋面风压主要以负压为主，风压变化明显。

图 6-13 为流场风压平剖面云图，可以看出对结构表面风压分布特性影响最大的为其来流方向上的阻挡建筑物。

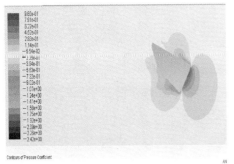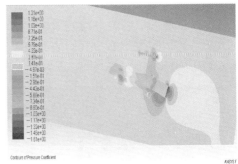

　　（a）无阻挡物流场风压平剖面云图　　　　　　（b）有阻挡物流场风压平剖面云图

图 6-13　流场风压平剖面云图

图 6-14 和图 6-15 分别为大跨度平屋盖结构屋面竖直剖面风速矢量图与流场风速云图。通过相互比较可以得出以下几点结论。

1) 由图 6-14 可以发现，在无阻挡建筑物的工况下，流场在迎风面上边缘发生明显的流动分离、再附现象，湍流特征明显；在屋盖悬挑部分下表面又有明显的涡流现象。在有阻挡物的工况下，屋盖结构迎风面上边缘流场的流动分离、再附现象明显减弱，同时其悬挑部分下表面的涡流也大大减弱。

2) 比较图 6-14 和图 6-15 可以看出，在有周围阻挡建筑的工况下，平屋盖结构周围的风速均明显降低，且结构四周的风速分布变化不大。同时，前置阻挡建筑对于来流流场分布的影响较大，后置阻挡建筑对于流场分布的影响较小。

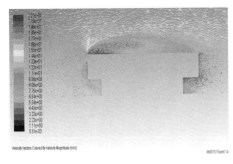

　　（a）无阻挡物结构竖直剖面风速矢量图　　　　（b）有阻挡物结构竖直剖面风速矢量图

图 6-14　大跨度平屋盖结构屋面竖直剖面风速矢量图

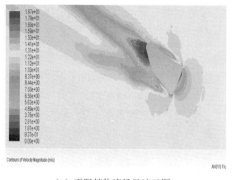
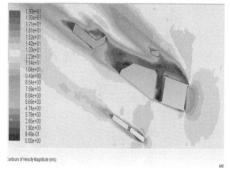

（a）无阻挡物流场风速云图　　　　　　　　　（b）有阻挡物流场风速云图

图 6-15　流场风速云图

2. 大跨度圆屋盖结构风荷载特性研究

　　大跨度圆屋盖结构周边通常分布着众多干扰建筑，周边建筑对大跨度圆屋盖结构屋面风压分布有明显的干扰效应。因此，这里将对大跨度圆屋盖结构在单体干扰建筑干扰效应下的屋面风压分布特性进行研究，分别从间距比、高度比、宽度比 3 个方面进行。大跨度圆屋盖结构屋面分区如图 6-16 所示，其中迎风面为 A、B、C 区，背风面为 E、F、G 区。

　　间距比 L_x 为干扰建筑物与大跨度结构中心的间距 D_x 与大跨度结构跨度 D 之间的比值，宽度比 L_y 为干扰建筑物宽度 W_y 与大跨度结构跨度 W 的比值，高度比 L_z 为干扰建筑物高度 H_z 与大跨度结构高度 H 的比值。

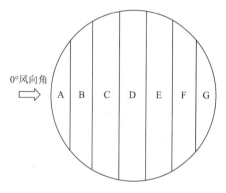

图 6-16　大跨度圆屋盖结构屋面分区

　　先通过大连理工大学风洞实验室（DUT-1）对 0°风向角下，无干扰建筑和两种间距比（L_x=1.25 和 1.5）干扰下的大跨度圆屋盖结构屋面风压情况进行风洞实验。干扰建筑 $L \times B \times H$ 为 60m×60m×40m，风洞截面宽 3m、高 2.5m，最大设计风速为 50m/s，采样频率为 200Hz，采样时间为 30s，模型缩尺比为 1/150，参考点风速为 12m/s，测点共计 252 个，迎风面 126 个，背风面 126 个，呈环形布置，且对称分布，如图 6-17 所示。

　　由图 6-18（a）可知，圆屋盖结构表面风压的最不利位置为屋盖中心区域（C、D 和 E 区），屋面风压在此区域表现为较大的负压。当间距比为 1.25 时，周边建筑对于迎风面的风压具有较大的干扰作用，屋面整体呈现正压分布；当间距比为 1.5 时，周边建筑对于背风面风压具有较大的干扰作用，屋面整体呈负压分布，最不利负压增大 25%。

（a）风洞试验布置　　　　　　　　　　（b）结构模型

图 6-17　大跨度圆屋盖结构屋面风洞布置

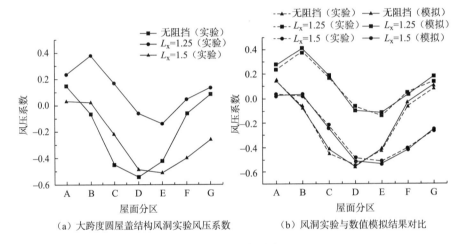

（a）大跨度圆屋盖结构风洞实验风压系数　　（b）风洞实验与数值模拟结果对比

图 6-18　风洞实验结果

图 6-19 为迎风屋面的风洞实验与数值模拟结果风压云图对比，图 6-20 为背风屋面的风洞实验与数值模拟结果风压云图对比。由图 6-19 和图 6-20 可以看出，数值模拟和风洞实验的结果基本一致。图 6-18（b）进一步给出了屋面各区域的风压系数，可以看出数值模拟和风洞实验的结果吻合较好。

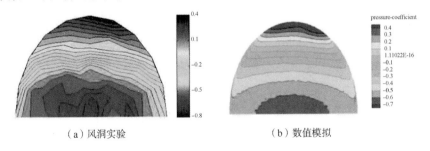

（a）风洞实验　　　　　　　　　　（b）数值模拟

图 6-19　风洞实验与数值模拟结果风压云图对比（迎风屋面）

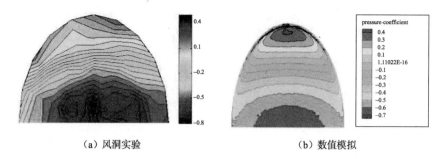

（a）风洞实验　　　　　　　　　　　（b）数值模拟

图 6-20　风洞实验与数值模拟结果风压云图对比（背风屋面）

　　基于风洞实验结果，采用数值模拟方法对不同风向角下干扰建筑的不同间距比、高度比、宽度比对于干扰效应的影响进行研究。其中，风向角共考虑了 0～90°共 4 个不同来流风向，依次为 0°、30°、60°和 90°。

　　为了更好地量化干扰效应，尤其对于最不利区域，可以定义干扰因子 K 为干扰效应的衡量指标，即

$$K = \frac{C'_{p,a}}{C_{p,a}} \tag{6-18}$$

式中，$C'_{p,a}$ 为受干扰后的平均风压系数；$C_{p,a}$ 为未受干扰的平均风压系数。

　　K 可以反映周边建筑对主结构屋面风荷载的干扰程度。$K>1$ 表示干扰增强，$K=1$ 表示无干扰，$0<K<1$ 表示干扰减弱，$K<0$ 表示风压方向发生变化。

　　为了研究屋面风压在各风向角下的最不利工况，定义最不利风压系数为

$$C_{p,min} = \min \theta(C_p), \theta = 0°,30°,60°,90° \tag{6-19}$$

式中，$C_{p,min}$ 为各屋面分区在 4 个风向角下的最小值。

　　（1）间距比

　　综合考虑两个结构不同间距比（L_x=1.1，1.2，1.3，1.4，1.5，1.75，2.0）对干扰效应的影响，干扰建筑长 60m、宽 60m、高 40m。

　　最不利风向角下，间距比对屋面风压的干扰效应比较明显，各间距比下的屋面负压都明显增大，最不利风压区域仍为中心区域（C、D 和 E）。如图 6-21（a）所示，在间距比较小时，"狭道效应"会对屋盖表面的风压产生较大干扰影响，对于屋面最不利情况下的干扰效应在间距比为 1.3 时达到最大，其中边缘区域（A 和 G）由正压转为负压。

　　屋面最不利区域的干扰因子 K 随间距比的变化如图 6-21（b）所示，可见间距比为 1.3 时，屋面中心区域的干扰因子 K 数值最大；当干扰建筑物的间距比大于 1.5 时，屋盖结构的干扰因子 K 逐渐减小，距离效应逐渐显现。间距比为 2 时，干扰因子达到较小值，但干扰效应仍不可忽略，D 区 K 仍为 1.6。在屋面中心区域中，间距比对干扰因子的影响在 C 区和 E 区最大，D 区相对要小一些。

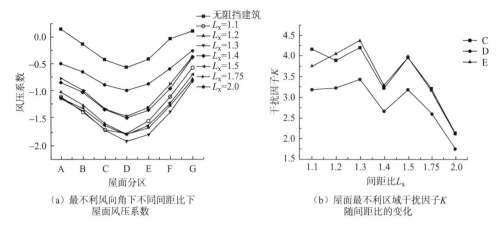

（a）最不利风向角下不同间距比下　　　　（b）屋面最不利区域干扰因子K
　　　　屋面风压系数　　　　　　　　　　　　　随间距比的变化

图 6-21　不同间距比下干扰效应

（2）高度比

在主体结构（迎风向）的 1.25 间距比上放置高度比分别为 0.4、0.8、1.2、1.4、1.6 和 1.8 的干扰建筑物，研究其高度对主结构的风致干扰效应。干扰建筑长 60m、宽 60m。

最不利风向角的影响下各高度比的屋面风压系数如图 6-22（a）所示，可以看出在最不利风向角的影响下，高度比对于屋面风压的干扰效应非常明显，整体上干扰效应随着高度比的增大而增大，对于屋面最不利情况下的屋面风压系数在高度比为 1.8 时达到最低，设计时需要特别注意；如高度比小于 1.4，则屋面最不利区域（D 区）负压增大 2 倍。

屋面最不利区域的干扰因子 K 随高度比的变化如图 6-22（b）所示，高度比为 1.8 时屋盖结构中心区域的干扰因子 K 达到最大，分别为 3.9、3.2、4，可以看出高层干扰建筑会增大屋面负压；当干扰建筑物的高度比大于 1.6 时，可以看出屋盖结构的干扰因子 K 逐渐不再变化，"高度效应"逐渐显现。在屋面中心区域中，高度比对于干扰因子的影响在 E 区和 C 区较大，D 区相对较小。

（3）宽度比

在主体结构（迎风向）的 1.25 间距比上放置宽度比分别为 0.2、0.4、0.6 和 0.8 的干扰建筑物，研究其宽度对主结构的风致干扰效应。干扰建筑长 60m、高 40m。

由图 6-23（a）可知，宽度比较小时（≤0.4）对于主体结构表面带来的干扰效应较为明显；宽度比大于 0.6 之后，结构"遮挡效应"的影响较大，干扰效应不再随宽度比的变化而变化。最不利风压区域仍为中心区域。

如图 6-23（b）所示，对于屋面最不利情况下的宽度比为 0.4 时干扰最明显。宽度比为 0.4 时，屋盖结构中心区域的干扰因子 K 达到最大，分别为 5.4、4.4、5.7。当干扰建筑物的高度比大于 0.6 时，屋盖结构的干扰因子 K 逐渐趋近于 3.5，"遮挡效应"逐渐显现。

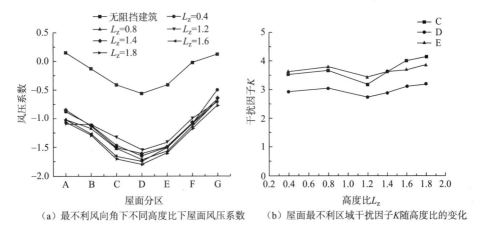

（a）最不利风向角下不同高度比下屋面风压系数　（b）屋面最不利区域干扰因子K随高度比的变化

图 6-22　不同高度比下干扰效应

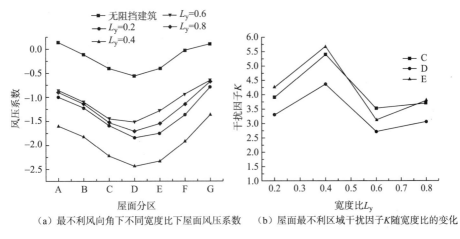

（a）最不利风向角下不同宽度比下屋面风压系数　（b）屋面最不利区域干扰因子K随宽度比的变化

图 6-23　不同宽度比下干扰效应

6.2　下击暴流对大跨空间结构振动响应影响的研究

6.2.1　下击暴流概述

　　大气中动力与热力的时空不均匀性造成了空间上相同高度的两点之间产生了压力差，进而引起空气的相对流动，这也是风的形成原因[4]。风导致的灾害即为风灾，作为自然灾害的重要类型之一，风灾由于其发生频率高、波及范围广及破坏强度大，早已引起了各国研究人员的高度关注。因此，风荷载成为大量风敏感性结构设计中被高度重视的主要控制荷载类型，这其中又以台风、龙卷风及下击暴流等强风最为引人关注。

　　下击暴流是一种强对流气候，在全球范围内时有发生。1978 年，Fujita[5] 最早提出了下击暴流的概念，将其定义为云层下急速冷凝形成的强下沉气流因为重力的作用向下冲击，撞击地面后迅速向四周扩散开来的一种极具突发性和破坏性的气候现象。

　　下击暴流的生命周期包括发展、成熟和消散三个阶段。下击暴流的三阶段动态发展过程如图 6-24 所示[6-7]。在发展阶段，地面附近的不稳定潮湿空气团受到由温度差、地形或气流挤压等引起的抬升作用进入大气层；在成熟阶段，随着气流的升高，温度降低达到露点后迅速冷却形成积雨云；在消散阶段，由冷空气和雨形成的下冲气流落至地面并向四周散开。图 6-25 为美国国家海洋和大气管理局（National Oceanic and Atmospheric Administration，NOAA）拍摄的下击暴流发生过程。

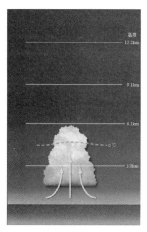
（a）发展阶段

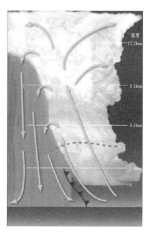
（b）成熟阶段

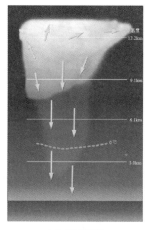
（c）消散阶段

图 6-24　下击暴流的三阶段动态发展过程

图 6-25　NOAA 拍摄的下击暴流发生过程

　　从全球范围来看，下击暴流在包括美国、澳大利亚、日本及南非等在内的多个国家和地区都造成了大量工程建筑结构的破坏。相关统计资料显示，澳大利亚 90% 以上的输电线塔的破坏事故都直接指向下击暴流这一"罪魁祸首"[8]。例如，1993 年加拿大 Manitoba 水电站遭受下击暴流袭击，造成大量输电塔的倒塌，图 6-26（a）为输电塔倒塌破坏现场；2017 年 5 月，美国德克萨斯州登顿机场遭受微下击暴流袭击，导致若干架小飞机严重损坏[9]，图 6-26（b）为飞机破坏现场。下击暴流对大跨空间结构的破坏作用同样不可忽视，如 2009 年 5 月，美国达拉斯牛仔橄榄球队训练场馆在下击暴流作用下发生倒塌，图 6-26（c）为该训练场馆的破坏现场；图 6-26（d）是某开敞式屋盖结构加油站遭遇下击暴流袭击后，结构发生破坏的实拍照片。

　　有鉴于下击暴流对大跨空间结构的破坏作用非常显著，且目前针对大跨空间结构的抗风设计都是针对大气边界层近地风荷载，并未考虑下击暴流的作用，因此开展这部分研究工作显得尤其重要。

（a）加拿大 Manitoba 输电塔倒塌

（b）美国德克萨斯州登顿机场飞机破坏

图 6-26　下击暴流的风致结构破坏

（c）美国达拉斯牛仔橄榄球队训练馆倒塌　　　（d）某开敞式屋盖结构加油站破坏

图 6-26（续）

6.2.2　下击暴流的风速模拟

与大气边界层近地风不同的是，下击暴流的平均风同时具有水平风剖面和竖向风剖面。图 6-27（a）为 Hjelmfelt[10] 根据实测下击暴流风速数据绘制的下击暴流平均风剖面，可以看出，下击暴流的平均风剖面不再像传统大气边界层近地风一样风速随高度增大，而是随高度先增大后减小。图 6-27（b）给出了 Fujita[11] 通过实测得到的下击暴流风速时程曲线。

与大气边界层近地风类似，下击暴流风速可以分为平均风速和脉动风速两部分，即空间任意一点 (x_i,y_i,z_i) 处，t 时刻的下击暴流风速可表达为

$$V_i(x_i,y_i,z_i,t)=\overline{V}_i(x_i,y_i,z_i,t)+v_i(x_i,y_i,z_i,t) \qquad (6\text{-}20)$$

式中，$V_i(x_i,y_i,z_i,t)$ 为下击暴流总风速；$\overline{V}_i(x_i,y_i,z_i,t)$ 为下击暴流平均风速；$v_i(x_i,y_i,z_i,t)$ 为下击暴流脉动风速。

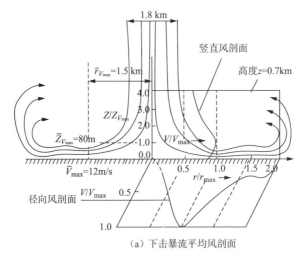

（a）下击暴流平均风剖面

图 6-27　通过实测得到的下击暴流平均风剖面及风速时程曲线

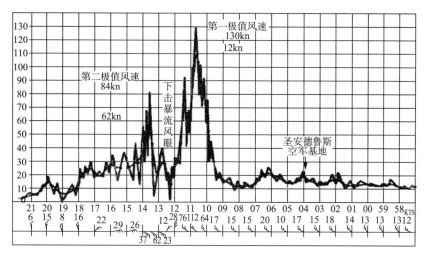

（b）下击暴流风速时程曲线

图 6-27（续）

1. 平均风速模拟

空间中任一位置 (x_i, y_i, z_i) 处，t 时刻的平均风速 $\overline{V}_i(x_i, y_i, z_i, t)$ 可以用一个竖向风剖面函数与一个时间函数的乘积来表示，即

$$\overline{V}_i(x_i, y_i, z_i, t) = V_i(z_i) f_i(x_i, y_i, t) \qquad (6\text{-}21)$$

式中，$V_i(z_i)$ 为最大平均风速的竖向风剖面函数；$f_i(x_i, y_i, t)$ 为描述竖向风剖面随时间变化的函数，且 $f_i(x_i, y_i, t) \leqslant 1$。

对于竖向风剖面，采用 Wood 等[12] 提出的风剖面模型，表达式为

$$V_i(z_i) = 1.55 \left(\frac{z_i}{\delta} \right)^{1/6} \left[1 - \mathrm{erf} \left(\frac{0.7 z_i}{\delta} \right) \right] V_{\max} \qquad (6\text{-}22)$$

式中，z_i 为空间点距离地面的高度；$V_{\max}$ 为最大风速；δ 为高度参数，等于取最大风速 $V_{\max}$ 的位置离地面高度的一半；erf 是容错函数，其表达式为

$$\mathrm{erf}(x) = 2 \int_0^x \exp(-t^2)\mathrm{d}t \Big/ \sqrt{\pi} \qquad (6\text{-}23)$$

Holmes 和 Oliver[13] 指出，下击暴流风场中任意点 p 的平均风速是下击暴流径向风速和下击暴流中心移动速度的矢量和，而径向风速可以表示为

$$V_r(r, t) = \begin{cases} V_{r,\max} \exp\left(-\dfrac{t}{T}\right)\left(\dfrac{r_p}{r_{\max}}\right) & (r_p < r_{\max}) \\[4mm] V_{r,\max} \exp\left(-\dfrac{t}{T}\right)\exp\left[-\left(\dfrac{r_p - r_{\max}}{R_r}\right)^2\right] & (r_p > r_{\max}) \end{cases} \qquad (6\text{-}24)$$

式中，r 为 t 时刻空间点到下击暴流中心的距离；$V_{r,\max}$ 为下击暴流最大径向平均风速；$r_{\max}$ 为取得 $V_{r,\max}$ 的位置到下击暴流中心的径向距离；R_r 为下击暴流径向特征距离；T 为下击暴流持续时间。

考虑到下击暴流本身的运动，在确定性随机混合模型（deterministic-stochastic hybrid model，DSHM）[14] 的基础上，下击暴流风场中 p 点在任意时刻 t 的平均风速 $V_c(t)$ 可表示为下击暴流撞击地面向周围扩散传播后的径向风速 $V_r(t)$ 和下击暴流中心的移动风速 $V(t)$ 的矢量和，可计算为

$$V_e(t) = V_r(t) + V(t) \tag{6-25}$$

图 6-28 所示为下击暴流径向风速与移动风速的矢量合成，其中 O 为下击暴流中心，p 为测点位置。假设 $t=0$ 时刻 p 点的坐标为（dx,dy），那么 t 时刻从下击暴流中心 O 到 p 点的距离矢量可以表示为

$$\boldsymbol{r} = (\mathrm{d}x - V_t, \mathrm{d}y) \tag{6-26}$$

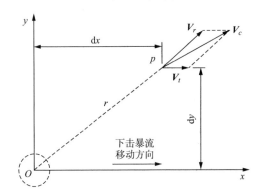

图 6-28　下击暴流径向风速与移动风速的矢量合成

t 时刻 p 点的平均风速可以写为

$$V_r(t) = \frac{\boldsymbol{r}}{|\boldsymbol{r}|} V_r(|\boldsymbol{r}|, t) \tag{6-27}$$

考虑到下击暴流的平均风速通常大于下击暴流中心的移动风速，在忽略下击暴流中心移动引起的下击暴流平均风速方向的变化后，时间函数 $f(t)$ 可以定义为

$$f(t) = \frac{|V_c(t)|}{|V_c(t)|_{\max}} \tag{6-28}$$

得到径向风速 $V_i(z_i)$ 和时间函数 $f(t)$ 后，即可求出平均风速。

2. 脉动风速模拟

下击暴流的脉动风速是一个非平稳随机过程。假设脉动风速的频域特性是不随时间变化的，则脉动风速的时程可以写成时变调幅函数和时变调幅函数的

乘积形式[15]。也就是说，下击暴流的脉动风速 $v(x,y,z,t)$ 可以写成基于平均风速的时变调幅函数和给定功率谱密度的稳态高斯随机过程的乘积，其表达式为

$$v(x, y, z, t) = a(x, y, z, t) \cdot k(x, y, z, t) \tag{6-29}$$

式中，$k(x,y,z,t)$ 为满足标准正态分布且谱特性不随时间变化的高斯平稳随机过程，反映了风荷载的波动特性；$a(x,y,z,t)$ 为调幅函数，可计算为

$$a(x, y, z, t) = \eta \overline{U}(x, y, z, t) \tag{6-30}$$

根据 Chay[16] 对实测下击暴流风速数据的分析，η=0.08～0.11。

脉动风速的功率谱选取标准化的 Kaimal 谱，表达式为

$$\varphi(z, \omega) = \frac{200}{2\pi} u_*^2 \frac{z}{U(z)} \frac{1}{\left[1 + \dfrac{50nz}{2\pi U(z)} \right]^{5/3}} \tag{6-31}$$

式中，$\varphi(z,\omega)$ 为功率谱密度；z 为高度；$U(z)$ 为高度 z 处的平均风速；n 为频率；u_* 为流动剪切速度。

根据以上风速模拟理论，可以采用自回归（autoregressive，AR）模型模拟得到一系列具有空间相关性的脉动风速，进而得到下击暴流的总风速。考虑到下击暴流属于瞬态风荷载，整个下击暴流的持续时间通常不超过 600s，因此这里的下击暴流模拟时间取 600s[17]。下击暴流模拟中所用到的主要参数见表 6-2[18]。

表 6-2　下击暴流模拟中所用到的主要参数

参数	V_{max}/（m/s）	δ/m	$V_{r,max}$/（m/s）	R_r/（m/s）	r_{max}/m	V_t/（m/s）	T/s
数值	80	400	47	700	1000	10	600

以图 6-29 所示单层球面网壳结构为例，可以模拟得到网壳结构中各节点的下击暴流风速，为后续进行下击暴流对大跨空间结构的动力响应分析提供荷载基础。图 6-30（a）～（c）分别给出了节点 1 下击暴流的总风速、脉动风速及脉动风速的功率谱密度，从脉动风速的模拟功率谱与目标功率谱的比较可以看出，模拟功率谱与目标功率谱一致性较好，从而验证了下击暴流风速模拟结果的准确性。

6.2.3　下击暴流作用下单层球面网壳结构的动力响应分析

选取单层网壳结构为分析对象，如图 6-29 所示，该结构跨度为 40m，矢跨比为 1/8。将该结构置于 10m 高的墩台上，周围设三向铰支，利用 ANSYS 软件建立结构的三维有限元模型，结构构件采用 Beam188 单元，径向杆件尺寸为 ϕ138mm×6mm，环向杆件尺寸为 ϕ134mm×4mm，材料选择 Q235 钢材，屈服强度

值为 235MPa，弹性模量为 206GPa，切线模量为 6100MPa，泊松比为 0.3。结构节点视为刚性节点，结构表面均布荷载为 2.0kN/m²。

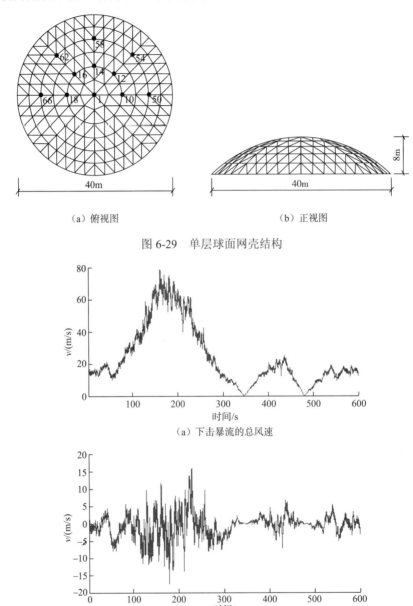

（a）俯视图　　　　　　　　　　　（b）正视图

图 6-29　单层球面网壳结构

（a）下击暴流的总风速

（b）下击暴流的脉动风速

图 6-30　下击暴流风速的模拟

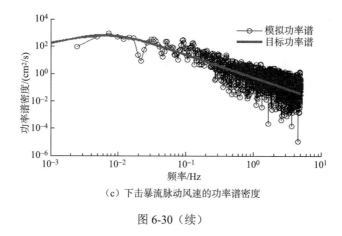

（c）下击暴流脉动风速的功率谱密度

图 6-30（续）

考虑到结构的自振频率决定了结构的动力特性，要准确进行结构的动力响应分析，需首先进行模态分析，得到结构的各阶振型频率。图 6-31 给出该网壳结构的前 200 阶自振频率，可以看出，前 121 阶频率较为密集，增大趋势较缓；之后频率出现明显变大的趋势。

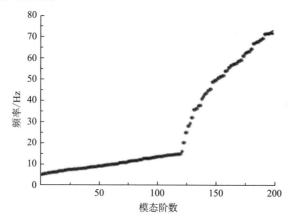

图 6-31 网壳结构的前 200 阶自振频率

模拟得到结构各节点的下击暴流风速时程后，t 时刻作用在结构节点 i 上的风荷载表示为

$$F(i,t) = \frac{1}{2}\rho C_{d}U^{2}(i,t)A_{i} \qquad (6-32)$$

式中，ρ 为空气密度，取 1.29kg/m^3；$U(i,t)$ 为 t 时刻节点 i 的风速；C_{d} 为结构的体型系数；A_{i} 为分配给节点 i 的等效迎风面积。

1. 结构动力响应分析基本理论

运用时域法分析大跨度空间结构在下击暴流荷载作用下的结构动力响应。与频域法相比，时域法能更好地实时得到结构的响应情况。

结构在风荷载作用下的基本动力方程表示为

$$M\ddot{u} + C\dot{u} + Ku = F(t) \tag{6-33}$$

式中，M、C 和 K 分别为结构的质量、阻尼、刚度矩阵；$\ddot{u}$、$\dot{u}$ 和 u 分别为结构的加速度、速度、位移矢量；$F(t)$ 为风荷载矢量。

在土木工程中，$[C]$ 通常表示瑞利阻尼，它由质量矩阵和刚度矩阵组成：

$$[C] = \alpha M + \beta K \tag{6-34}$$

式中，α、β 分别为质量阻尼系数和刚度阻尼系数，即

$$\begin{cases} \alpha = \dfrac{2\omega_i\omega_j(\xi_i\omega_j - \xi_j\omega_i)}{\omega_j^2 - \omega_i^2} \\[3mm] \beta = \dfrac{2(\xi_j\omega_j - \xi_i\omega_i)}{\omega_j^2 - \omega_i^2} \end{cases} \tag{6-35}$$

式中，ω_i 和 ω_j 分别为结构的第 i 和第 j 阶固有频率；ξ_i 和 ξ_j 分别为通过试验确定的第 i 和第 j 阶模态的阻尼比（一般取 $i=1$，$j=2$）。

根据模态分析结果，可以得到质量和刚度阻尼系数分别为 0.2096 和 0.0019。最后，采用 Newmark-β 法进行时域动力响应分析。

2. 动力响应分析结果

为了更好地揭示下击暴流作用下大跨空间结构动力响应特性，这里同时分析了大气边界层近地风荷载作用下大跨空间结构的动力响应，从而进行对比。

以图 6-29 所示网壳结构的节点 1 为例，图 6-32 给出了节点 1 沿顺风向和竖向位移对比情况。由图 6-32 可以看出，无论是顺风向位移还是竖向位移，节点 1 在下击暴流作用下的位移峰值都远大于大气边界层近地风荷载作用下的位移峰值。大气边界层近地风荷载作用下，节点 1 的位移在一个固定值附近波动；而在下击暴流荷载作用下，节点 1 的位移幅值变化较大。在 100～300s 的风速时段内，由于下击暴流平均风速很大，节点 1 的位移也很大，说明结构产生很大的变形。

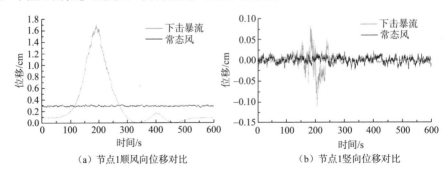

（a）节点1顺风向位移对比　　　　　　（b）节点1竖向位移对比

图 6-32　节点 1 位移对比

图 6-33 给出节点 1 沿顺风向和竖向的加速度对比情况。同样，在 100~300s 时段内，无论是顺风向加速度还是竖向加速度，节点 1 在下击暴流作用下的峰值明显大于在大气边界层近地风荷载作用下的峰值。在大气边界层近地风荷载作用下，节点 1 的加速度在一个固定值附近波动；而在下击暴流荷载作用下，节点 1 的加速度值变化较大。考虑到结构的加速度响应是由风荷载中的脉动分量引起的，因此从加速度响应对比结果可以看出，下击暴流荷载中的脉动分量对大跨空间结构的影响远大于大气边界层近地风荷载中的脉动分量的影响，更容易引起结构较大的加速度响应。

图 6-34（a）和（b）分别为节点 1 顺风向和竖向位移功率谱对比情况。由图 6-34 可以看出，在两类风荷载作用下，节点 1 的位移功率谱密度沿顺风向和竖向的变化规律基本一致，但在下击暴流作用下，节点 1 的位移功率谱密度明显大于大气边界层近地风荷载作用下的位移功率谱密度，表明在下击暴流作用下，结构的动力响应更为显著。

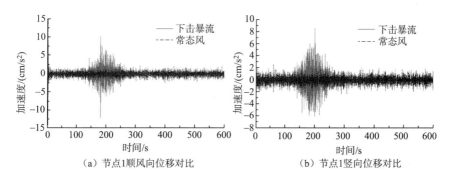

（a）节点1顺风向位移对比　　（b）节点1竖向位移对比

图 6-33　节点 1 加速度对比

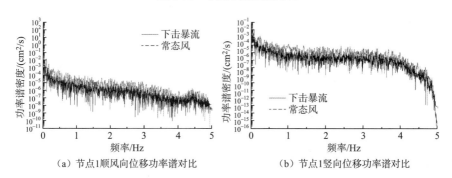

（a）节点1顺风向位移功率谱对比　　（b）节点1竖向位移功率谱对比

图 6-34　节点 1 位移功率谱对比

图 6-35（a）和（b）分别为节点 1 沿顺风向和竖向的加速度功率谱对比。由图 6-35 可以看出，在两类风荷载作用下，节点 1 的加速度响应在频域上虽然有着相似的趋势，但在下击暴流作用下，节点 1 的峰值加速度远大于大气边界层近地

风荷载作用下节点 1 的峰值加速度。此外，在整个频域内，下击暴流作用下节点 1 的顺风向加速度功率谱和竖向加速度功率谱均大于大气边界层近地风荷载作用下的相应功率谱值，说明下击暴流对大跨空间结构的影响大于大气边界层近地风荷载。

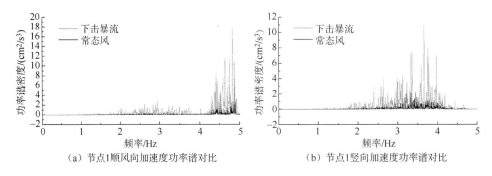

（a）节点1顺风向加速度功率谱对比　　　　（b）节点1竖向加速度功率谱对比

图 6-35　节点 1 加速度功率谱对比

6.3　大跨空间结构风灾易损性分析

6.3.1　大跨结构风灾易损性基本原理

近些年，由于经济和文化的飞速发展，人们对建筑物造型、跨度及规模的追求越来越高，其中大跨度空间桁架结构以其独特的优势被广泛应用于机场航站楼、展览馆、体育场馆等安全系数较高的各类公共建筑物。而风灾是自然灾害中对大跨空间结构影响较大的灾害之一，因为它发生的频率较高且持续时间很长，并且随着气候的变化，风荷载的影响逐渐加剧，给人们的生命财产安全造成了巨大的损失。风灾对于大跨空间结构的影响是巨大的，并且国内的结构抗风标准较为模糊，所以对大跨空间结构进行风灾易损性分析意义重大。

易损性的概念最初源于军事领域，在英国 Ronan Point 公寓倒塌后，逐渐将易损性的概念延伸至结构工程领域[19]。经过各国学者的不断研究，风灾易损性在钢筋混凝土框架结构、砌体结构领域已经取得了较丰硕的理论成果，但是在诸如空间结构等其他领域的研究还相对较少。

有学者认为，结构的风灾易损性评估方法可细分为四种：专家判断方法、灾后调查研究方法、结构试验方法、数值模拟方法[20]。这四种方法可以归结为 2 种常用方法，一是基于专家积累与灾害数据的经验分析法，二是基于蒙特卡洛模拟法的概率可靠度研究方法。

　　本节便是基于可靠度理论的方法，通过蒙特卡罗模拟法获取不同风荷载强度下结构的风振响应数据，并制定大跨空间结构的抗风标准，从而绘制出结构在不同的极限状态下的失效概率。大跨空间结构风灾易损性分析流程如图 6-36 所示。

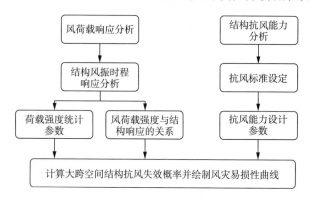

图 6-36　大跨空间结构风灾易损性分析流程

　　结构风灾易损性是指在给定强度的风荷载作用下，结构振动反应（用 μ_d 表示）达到或超过某种破坏阶段所定义的结构抗风承载能力（用 μ_c 表示）的条件失效概率（用 P_f 表示）[21]，即

$$P_f = P_r(\mu_c / \mu_d \leqslant 1) \tag{6-36}$$

式中，P_r 为结构可靠概率。若结构振动反应 μ_d 与结构抗风承载能力 μ_c 应服从对数正态分布，则式（6-36）可变为

$$P_f = \varphi_r\left(\frac{-\ln(\overline{\mu_c}/\overline{\mu_d})}{\sqrt{\beta_c^2 + \beta_d^2}} \right) \tag{6-37}$$

式中，$\varphi_r(x)$ 为标准正态分布函数，其取值通过查标准正态分布表确定；$\overline{\mu}_c$ 为结构承载能力均值；$\overline{\mu}_d$ 为结构振动反应平均值；β_c、β_d 为 μ_c、μ_d 的对数标准差。

　　同时，假设风荷载强度 IM 与结构振动响应 DM 之间服从双参数指数分布，则两者的关系[22] 为

$$DM = \alpha(IM)^{\beta} \tag{6-38}$$

即

$$\ln(DM) = A + B\ln(IM) \tag{6-39}$$

式中，IM 为风荷载强度指标；DM 为结构破坏状态指标；α、β（或 A、B）由对分析数据进行回归统计得到。

　　将回归分析数据代入标准正态公式中，最终得到以风荷载强度为横坐标、以结构失效概率为纵坐标的易损性曲线，如图 6-37 所示。

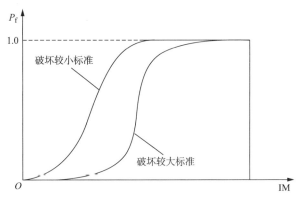

图 6-37　结构风灾易损性曲线

6.3.2　大跨空间结构风致响应及风灾易损性分析

增量动力分析（incremental dynamic analysis，IDA）方法是近些年来兴起的一种分析方法，它是一种以非线性动力时程法为基础的非线性响应分析方法。到目前为止，IDA 方法因其评价结构整体抗倒塌性能的有效性，已被美国联邦应急管理署（Federal Emergency Management Agency，FEMA）归纳到设计/评估规程中。

IDA 方法原用于地震分析，它考虑建筑物的抗震需求和地震的随机作用，能计算出结构达到相应性能的状态。风荷载由于脉动风的存在，同样具有随机性，故而可将风荷载代替地震荷载，利用 IDA 方法来评估大跨空间结构的抗风性能[23]。其具体步骤如下。

1）选取合适的大跨空间结构模型，并利用谐波叠加法在 MATLAB 中合成风荷载的程序。

2）依据相关参考文献及结构、荷载的形式特点等确定好结构的风荷载强度指标（intensity measure，IM）与结构性能参数（damage measure，DM）。

3）利用风荷载合成程序合成不同强度的风荷载，风速从 5m/s 逐渐增加至 85m/s，从而得到一系列的风荷载记录。

4）基于向量式有限元方法对结构进行动力弹塑性时程分析，得到 IDA 曲线第一个 DM-IM 点，该点与原点的连线斜率即为 K_e。依次不断地绘制结构的 DM-IM 点，直至结构响应发散。同时，如果一点与上一点的连线小于 $20\%K_e$，也认为结构倒塌。

5）因为脉动风的随机性，每次风荷载的生成都是各不相同的，所以重新合成一系列的风荷载记录，重复步骤 4）。

6）将所有 DM-IM 点汇总，通过插值拟合得到 IDA 曲线。

7）设置大跨空间结构抗风性能标准，同时根据 IDA 曲线的数据对结构进行抗风性能评估。

结构模型选用 K8 型单层网壳结构，跨度为 40m，高度为 8m，跨高比为 5，如图 6-38 所示。

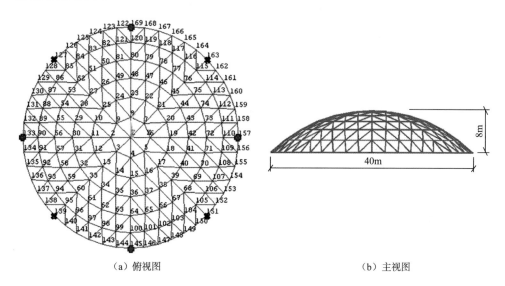

（a）俯视图   （b）主视图

图 6-38 网壳结构模型

以标准热轧无缝钢管作为构件材料，其中网壳结构环杆取为 $\phi 133\text{mm}\times 4\text{mm}$ 标准钢管，肋杆、斜杆取为 $\phi 140\text{mm}\times 4.5\text{mm}$ 的标准钢管，覆盖屋面板质量设为 60kg/m^2，材料弹性模量 $E=2.06\times 10^5\text{N/mm}^2$，剪切模量 $G=7.9\times 10^4\text{N/mm}^2$，材料密度 $\rho=7.85\times 10^3\text{kg/m}^3$。周边支承采用固结，结构杆件采用铰接。此外，结构阻尼可使用虚拟阻尼，根据动力松弛法选取[24]，即

$$F^{\text{dmp}} = -\mu M_\alpha \dot{d} \qquad (6\text{-}40)$$

式中：μ 为阻尼系数；$\dot{d}$ 为速度；M_α 为质点 α 的质量。

基于线性滤波法合成 10 组风荷载数据，每组风荷载的风速由 5m/s 变化至 85m/s。对结构输入这 10 组风荷载数据，进行动力弹塑性时程分析，以结构的最大挠跨比 $\lambda_{\max}$（网壳竖向位移与跨度之比）为横坐标，风荷载风速 v 为纵坐标，由此可以得到 10 条 $\lambda_{\max}$-v 曲线，将结果进行分析汇总，并绘制出 IDA 曲线，如图 6-39 所示。

从图 6-39 的 IDA 曲线中可以看出，风荷载的合成虽然具有随机性，且有一定的差异，但结构响应的发展趋势基本一致，基本上是在 70～80m/s 的风速区间内达到极限状态。从规范角度而言，单层网壳结构的挠跨比限制为 1/400，从这一点来说，IDA 曲线的数据是合理的。

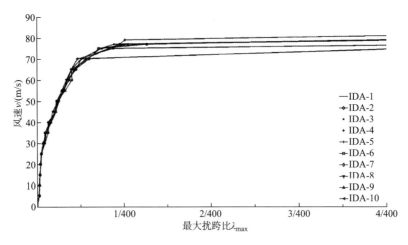

图 6-39　单层网壳结构 IDA 曲线

本 章 小 结

本章对单体大跨度平屋盖结构和圆屋盖结构开展了风荷载特性研究，并进一步考虑了干扰效应的影响；进一步对下击暴流的平均风速和脉动风速进行了模拟，对下击暴流作用下单层球面网壳结构的动力响应进行分析；最后进行了大跨空间结构风灾易损性分析。本章主要结论如下。

1）大跨度圆屋盖结构屋面主要以负压为主，抗风性较好。大跨度圆屋盖结构屋面风压分布为条形分布，沿来流方向左右对称分布，且屋面最不利负压出现在屋面中心区域。在无阻挡建筑物的工况下，流场在迎风面上边缘发生明显的流动分离，湍流特征明显；在有阻挡物的工况下，屋盖结构迎风面上边缘流场的流动分离、再附现象明显减弱，同时其悬挑部分下表面的涡流也大大减弱。同时，前置阻挡建筑对于来流流场分布的影响较大，后置阻挡建筑对于流场分布的影响较小。

2）下击暴流荷载中的脉动分量对大跨空间结构的影响远大于大气边界层近地风荷载中的脉动分量的影响，更容易引起结构较大的加速度响应。在整个频域内，下击暴流作用下顺风向加速度功率谱和竖向加速度功率谱均大于大气边界层近地风荷载作用下的相应功率谱值，下击暴流对大跨度空间结构的影响大于大气边界层近地风荷载。

3）基于线性滤波法合成 10 组风荷载数据可获得出 IDA 曲线。风荷载的合成虽然具有随机性，且有一定的差异，但结构响应的发展趋势基本一致，基本上是在 70~80m/s 的风速区间内达到极限状态。从规范角度而言，单层网壳结构的挠跨比限制为 1/400 是合理的。

参 考 文 献

[1] 孙瑛. 大跨屋盖结构风荷载特性研究 [D]. 哈尔滨：哈尔滨工业大学，2007.

[2] 韩凤清. 大跨空间结构屋面风荷载数值模拟研究 [D]. 天津：天津大学，2016.

[3] 贾蕗宇. 周围建筑对大跨平屋盖的风致干扰效应研究 [D]. 北京：北京交通大学，2012.

[4] 黄本才，汪丛军. 结构抗风分析原理及应用 [M]. 上海：同济大学出版社，2008.

[5] FUJITA T T. Manual of downburst identification for Project NIMROD[R]. The NASA Center for Aerospace Information (CASI),1978.

[6] BROWNING K A. Morphology and classification of middle-latitude thunderstorms [C]. Thunderstorm Morphology and Dynamics，Thunderstorms：A Social，Scientific，and Technological Documentary，1986.

[7] LETCHFORD C W，MANS C，CHAY M T. Thunderstorms：their importance in wind engineering（a case for the next generation wind tunnel）[J]. Journal of Wind Engineering and Industrial Aerodynamics，2002，90（12）：415-1433.

[8] SHEHATA A Y，EL DAMATTY A A. Assessment of the failure of an electrical transmission line due to a downburst event [C]. Proceedings of the 2006 Electrical Transmission Conference，Birmingham，2006.

[9] 雷都. 下击暴流风场中超高层建筑的数值模拟研究 [D]. 成都：西南交通大学，2018.

[10] HJELMFELT M. Structure and life cycle of microburst outflows observed in colorado [J]. Journal of Applied Meteorology，1988，27（8）：900-927.

[11] FUJITA T T. The Downburst, microburst and microburst[R]. SMRP Research Paper 210, 1985:122.

[12] WOOD G，KWOK C S，MOTTERAM N，et al. Physical and numerical modelling of thunderstorm downbursts [J]. Journal of Wind Engineering and Industrial Aerodynamics，2001，89（6）：535-552.

[13] HOLMES J D，OLIVER S E. An empirical model of a downburst [J]. Engineering Structures，2000，22（9）：1167-1172.

[14] CHEN L，LETCHFORD C. A deterministic-stochastic hybrid model of downbursts and its impact on a cantilevered structure [J]. Engineering Structures，2004，26（5）：619-629.

[15] 瞿伟廉. 下击暴流的形成与扩散及其对输电线塔的灾害作用 [M]. 北京：科学出版社，2013.

[16] CHAY M. Physical modeling of thunderstorm downbursts for wind engineering applications [D]. Texas Tech University，2001.

[17] ORWIG K，SCHROEDER J. Near-surface wind characteristics of extreme thunderstorm outflows [J]. Journal of Wind Engineering and Industrial Aerodynamics，2007，95（7）：565-584.

[18] 张文福，谢丹，刘迎春，计静. 下击暴流空间相关性风场模拟 [J]. 振动与冲击，2013，32（10）：12-16.

[19] 何江飞. 概率及非概率条件下结构易损性分析理论研究 [D]. 杭州：浙江大学，2012.

[20] 龙坪. 土木工程结构台风易损性评估研究 [D]. 哈尔滨：哈尔滨工业大学，2008.

[21] 李永梅，李玉占，杨博颜. 基于性能的钢框架结构地震易损性分析 [J]. 工程抗震与加固改造，2017，

39（4）：55-59.

［22］CORNELL C，JALAYER F，HAMBURGER R，et al. Probabilistic basis for 2000 SAC federal emergency management agency steel moment frame guidelines［J］. Journal of Structural Engineering，2002，128（4）：526-533.

［23］VAMVATSIKOS D，CORNELL C. Incremental dynamic analysis［J］. Earthquake Engineering and Structural Dynamics，2002，31（3）：491-514.

［24］LEWIS W J，JONES M S，RUSHTON K R. Dynamic relaxation analysis of the non-linear static response of pretensioned cable roofs［J］. Computers and Structures，1984，18（6）：989-997.

第 7 章　大跨空间结构风振控制研究

7.1　基于分布式碰撞阻尼器的大跨空间结构振动控制研究

风致振动可能会导致结构的疲劳和构件损伤，甚至是结构整体的失稳，因此对于外部激励导致的结构振动控制相当重要[1-4]。大跨空间结构是由多个杆件按照一定的规律组合在一起的，为保证结构的承载能力，在实际的大跨空间结构中可以按照杆件的分布来安装阻尼器。调谐质量阻尼器（tuned mass damper，TMD）由于其良好的减振性能被广泛应用在建筑结构振动控制中。由于 TMD 需要较大的质量块，在减振过程中可能会由于阻尼器与结构的相对运动而造成结构局部疲劳或损伤，因此可以由分布式阻尼器代替单个阻尼器对大跨空间结构进行振动控制，以避免结构和阻尼器的连接部位在结构和质量块相对运动时产生较大变形和疲劳损伤。Clark 于 1988 年提出多重调质阻尼器（multi-tuned mass damper，MTMD）的概念，MTMD 由多个小 TMD 组成，并且每个阻尼器调节到不同的频率，因此具有较宽的控制带宽，可以控制有多个振型的多自由度结构振动[5]。到目前为止，MTMD 在大跨空间结构振动控制中也得到了应用，2015 年周暄毅将其应用在大跨空间结构的风致振动减振中并取得了较好的控制效果[6]。碰撞阻尼器（pounding tuned mass damper，PTMD）与 TMD 相比，不需要另外安装阻尼装置，仅通过碰撞消耗能量，构造更简单，多个小 PTMD 也可以组成 MPTMD（Multi-Pounding Tuned Mass Damper，分布式 PTMD）系统进行结构振动控制。2016 年，林伟将 MPTMD 应用在电视塔的 Benchmark 模型中，其研究结果表明在地震荷载作用下 MPTMD 有较好的控制效果[7]。本章将 MPTMD 系统分布在大跨空间结构的各个杆件进行结构振动控制。

7.1.1　基于密闭空间的碰撞阻尼器

本章提出一种新型基于密闭空间的碰撞阻尼器（pounding tuned mass damper for confined space，PTMD-CS）来控制结构的振动，当网壳结构的各个杆件有足够的空间时，PTMD-CS 可安装在结构的各个杆件中，组成 MPTMD 系统来对结构整体进行减振。内部安装有 PTMD 的杆件如图 7-1 所示。PTMD 由连接质量块的弹簧钢悬臂梁和粘贴有黏弹性材料的限位板组成。当结构振动时，悬臂梁和质量块可以简化成为等效的弹簧-质量块系统。本书作者提出两种类型的 PTMD，一种是双面碰撞阻尼器（double-sided PTMD-CS，DS-PTMD-CS），其在质量块两边有两个粘贴有黏弹性材料的限位板；另一种是只有一个限位板的单面碰撞阻尼器（single-sided PTMD-CS，SS-PTMD-CS），并且限位板位于弹簧-质量块的平衡位置，当结构和阻尼器相对运动时，两者在平衡位置处发生碰撞。

安装在密闭空间的PTMD

图 7-1　内部安装有 PTMD 的杆件

1. DS-PTMD-CS

图 7-2 所示为 DS-PTMD-CS 模型，弹簧钢悬臂梁和质量块等效于调谐的弹簧-质量块系统。该悬臂梁由弹簧钢制成，弹簧钢具有高屈服性能和较好的抗疲劳性能[8]。PTMD 的刚度可以由质量块在悬臂梁上的位置来调节，限位板的位置也可以移动以改变质量块与限位板的间距。

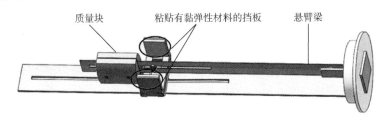

质量块　　粘贴有黏弹性材料的挡板　　悬臂梁

图 7-2　DS-PTMD-CS 模型

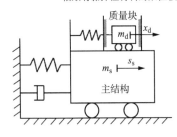

粘贴有黏弹性材料的限位板

图 7-3　DS-PTMD-CS 简化的力学模型

图 7-3 为 DS-PTMD-CS 简化的力学模型，m_d 和 m_s 分别为质量块质量和主结构质量，x_a 和 x_s 分别为质量块位移和主结构位移。当主结构运动时，连接质量块的弹簧钢悬臂梁可以等效成弹簧-质量块减振系统，其自振频率需要调整到与主结构自振频率相近，当主结构运动时，质量块会在相反的方向上以相同的频率运动。PTMD 的减振机理有两部分：当质量块在限位板之间运动时，像传统TMD 一样吸收主结构的动能；当质量块与限位板发生碰撞时，就像碰撞阻尼器一样通过碰撞来消耗运动的能量。而黏弹性材料可以通过非线性变形来消耗能量。

PTMD 的最优频率参考 TMD 的最优频率来设计[9]，即

$$f_{opt} = \frac{1}{1+\mu} f_s \tag{7-1}$$

式中，f_{opt} 为 PTMD 的最优频率；f_s 为主结构的频率；μ 为质量块和主结构的质量比。

2. SS-PTMD-CS

质量块和限位板之间的间距是影响阻尼器减振效果的一个重要因素，当间距太小时，可能导致质量块运动过程中周期紊乱，不能和主结构发生方向相反的同频率运动；当间距太大时，质量块可能很难碰撞到限位板，进而不能发生黏弹性材料的非线性变形消耗能量，影响到减振效果。考虑到质量块与限位板之间的最优距离难以确定，将一个限位板固定在质量块的平衡位置，将其设计成一个 SS-PTMD-CS[10]。本章在中空杆件内部设置 SS-PTMD-CS，其模型如图 7-4 所示。该阻尼器由弹簧钢悬臂梁、质量块和一个粘贴有黏弹性材料的限位板构成，其连接方式与 DS-PTMD-CS 相似，当黏弹性材料的厚度发生改变时，限位板的位置也可以发生改变。当系统不发生运动时，质量块停止在平衡位置，紧挨着黏弹性材料。

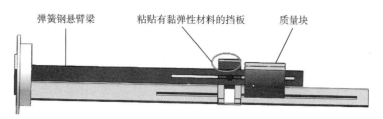

图 7-4　SS-PTMD-CS 模型

SS-PTMD-CS 简化的力学模型如图 7-5 所示，其振动控制机理与 DS-PTMD-CS 相似。质量块和限位板在平衡位置发生碰撞，每次相对运动都会发生碰撞，增大了运动能量的消耗，并且在运动过程中需要的空间要比双面碰撞阻尼器少一半。此外，SS-PTMD-CS 结构简单，避免了对于碰撞间距的设计。上述特点表明，SS-PTMD-CS 可能更适合密闭空间的振动控制。其最优频率由式（7-1）确定，自振频率[11] 为

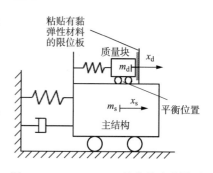

图 7-5　SS-PTMD-CS 简化的力学模型

$$f_{\text{SS-PTMD-CS}} = \frac{1}{\pi}\sqrt{\frac{k_d}{m_d}} \tag{7-2}$$

式中，k_d 和 m_d 分别为 PTMD 的刚度和质量。

通过式（7-2）可以看出，SS-PTMD-CS 的频率是传统 TMD 的 2 倍。

3. 主结构-PTMD 系统

建立主结构的运动方程来分析在外部激励荷载下结构的动力响应。主结构可以简化为一个单自由度运动方程，运动方程为

$$m_s\ddot{x}_s(t) + c_s\dot{x}_s(t) + k_sx_s(t) + c_d[\dot{x}_s(t) - \dot{x}_d(t)] + k_d(x_s(t) - x_d(t)) = f(t) - F(t) \quad (7\text{-}3)$$

$$m_d\ddot{x}_d(t) + c_d[\dot{x}_d(t) - \dot{x}_s(t)] + k_d[x_d(t) - x_s(t)] = F(t) \quad (7\text{-}4)$$

式中，m_s、c_s 和 k_s 分别为主结构的质量、阻尼系数和刚度；m_d、c_d 和 k_d 分别为阻尼器的质量、阻尼系数和刚度；$\ddot{x}_s$、$\dot{x}_s$ 和 x_s 分别为主结构的加速度、速度和位移；$\ddot{x}_d$、$\dot{x}_d$ 和 x_d 分别为阻尼器质量块的加速度、速度和位移；$f(t)$ 为外部激励；$F(t)$ 为质量块和主结构之间的碰撞力。

4. 碰撞力模型

近年来，碰撞力的数值模型也得到了一些学者的关注和研究[12-14]，而由于 Wang 等[11] 提出的模型，考虑到碰撞过程中的恢复阶段的表面残余变形，能够更精确地模拟碰撞过程，因此采用该模型来模拟碰撞力过程。黏弹性模型的非线性碰撞力模型表示如下：

$$F(t) = \begin{cases} \beta\delta^n + \zeta\delta^n\dot{\delta} & \delta_{\max} > \delta > 0 \text{且} \dot{\delta} > 0 \quad (\text{压容阶段}) \\ f_e\left(\dfrac{\delta - \delta_e}{\delta_{\max} - \delta_e}\right)^n & \delta_{\max} > \delta > \delta_e \text{且} \dot{\delta} < 0 \quad (\text{恢复阶段}) \\ 0 & \delta_{\max} > \delta > 0 \text{且} \dot{\delta} < 0 \end{cases} \quad (7\text{-}5)$$

式中，δ 为黏弹性材料的变形；$\dot{\delta}$ 为两个发生碰撞的物体的相对速度；β 为碰撞刚度；ζ 和 $\delta_{\max}$ 分别为碰撞阻尼比和黏弹性材料的最大陷入深度；δ_e 为在碰撞过程中的最大弹性力，由 $\delta = \delta_{\max}$ 和 $\dot{\delta} = 0$ 代入式（7-5）中的第一个表达式来确定。f_e 的表达式为

$$f_e = \beta\delta_{\max}^n \quad (7\text{-}6)$$

其中，ζ 的值可以由下式来计算：

$$\frac{1}{2}(1-e^2)\dot{\delta}_0^2 = (1-e_1)\left(\frac{\beta^2}{\zeta^2}\ln\left|\frac{\dot{\delta}_0 + \dfrac{\beta}{\zeta}}{\dfrac{\beta}{\zeta}}\right| - \frac{\beta}{\zeta}\dot{\delta}_0\right) + \frac{\dot{\delta}_0^2}{2} \quad (7\text{-}7)$$

式中，$\dot{\delta}_0$ 为碰撞开始时物体相对速度；e 为恢复系数；e_1 为表面残余变形系数，e 和 e_1 的关系为

$$e_1 = \frac{\delta_e}{\delta_{\max}} \quad (7\text{-}8)$$

式中，δ_e 为表面残余变形。

当碰撞力为零时，$\delta=\delta_e$。

参数 e 可确定为

$$e=\frac{x_{re}}{x_{in}} \tag{7-9}$$

式中，x_{re} 为碰撞时弹回的高度；x_{in} 为碰撞物体的初始位移。

为确定碰撞力数值模型中的各个参数，进行了碰撞力模型试验。图 7-6 所示碰撞力试验装置，将质量块拉到一定的位置再释放，使其与固定挡板发生碰撞，测定碰撞力和弹起的位移。位移由位移传感器来测定，碰撞力则由力传感器来测量，并由数据采集仪器来采集位移和碰撞力的数据，采样频率设置为 100kHz。图 7-7 所示为质量块的位移，并由此来确定恢复力系数 e，见表 7-1。黏弹性材料的变形和碰撞力时程曲线如图 7-8 和图 7-9 所示。残余表面变形 e_1 可以通过黏弹性材料的变形和碰撞力并结合式（7-8）确定。通过多次碰撞，求得 e 和 e_1 的平均值分别为 0.2916 和 0.6811。

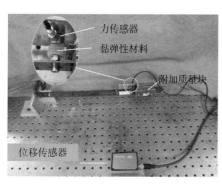

图 7-6　碰撞力试验装置

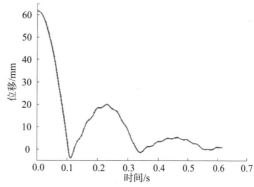

图 7-7　质量块的位移

表 7-1　前两次碰撞时的参数

碰撞次数	x_{in}/mm	x_{re}/mm	δ/mm	δ_e/mm	f_e/N	e	e_1
第一次	62.1	19.66	4.0129	2.979	61.81	0.3166	0.7424
第二次	19.66	5.241	1.448	0.8974	7.383	0.2666	0.6198

为确定非线性参数 n 的最优取值，在 1.1～1.7 的间距内以 0.1 为间距对 n 进行取值并代入力学模型中来确定其最优取值 n。随 n 变化的最大碰撞力 f_{max} 见表 7-2。当 n 是 1.3 时，f_{max} 是 121.2N，最为接近试验结果 119.63N。因此，n 的最佳值为 1.3，并由此得到碰撞刚度 β 为 8.0642×10^4N·m$^{-1.3}$。

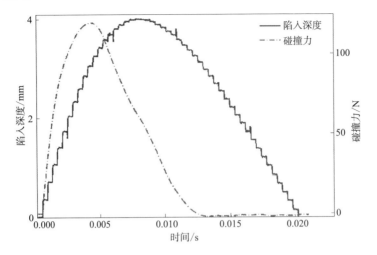

图 7-8　第一次碰撞中黏弹性材料的变形和碰撞力时程曲线

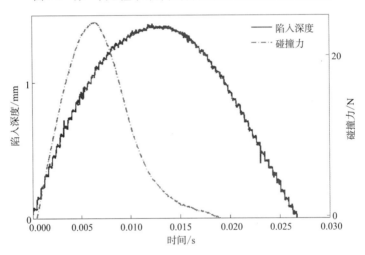

图 7-9　第二次碰撞中黏弹性材料的变形和碰撞力时程曲线

表 7-2　随 n 变化的最大碰撞力 f_{max}

n	1.1	1.2	1.3	1.4	1.5	1.6
f_{max}/N	112.5	116.8	121.2	125.5	129.5	134.2

　　数值模拟所需参数由上述碰撞试验确定，碰撞阻尼系数 ζ 可以在模拟过程中由式（7-7）确定。试验值和模拟值对比如图 7-10 和图 7-11 所示，对比结果表明模拟结果和试验结果比较相符。因此，式（7-5）的碰撞力模型能够较准确地模拟碰撞力的过程，并且可以用于下一步的 PTMD-CS-主结构振动控制试验模拟中。

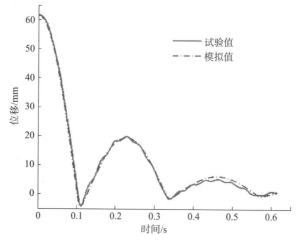

图 7-10　碰撞位移试验值与模拟值对比

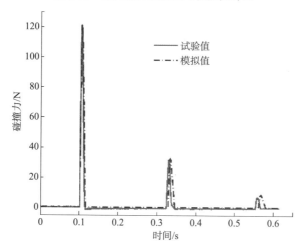

图 7-11　碰撞力试验值与模拟值对比

7.1.2　PTMD-CS 的数值模拟与试验研究

首先验证对所设计的 PTMD 对单自由度
结构振动控制效果，以一个钢管作为受控结
构，进行 PTMD-CS 减振效果及鲁棒性试验。
试验装置如图 7-12 所示。钢管通过一个法兰
盘与弹簧钢-质量块系统相连接，并且由 4 根
弹簧与底座相连接，在钢管底部设置 2 个轴
承以达到可以往复运动的目的。此结构的自
振频率为 2.0218Hz，主要由提供系统刚度的

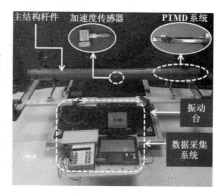

图 7-12　试验装置

弹簧和钢管质量来确定。钢管和弹簧参数见表 7-3 和表 7-4，主结构的总质量为 31.4kg。图 7-13 为试验装置和数据采集过程，主结构由底座固定在振动台上。由加速度传感器来测量主结构运动的加速度，通过 LabVIEW 程序采集数据，采样频率设置为 20kHz。阻尼器的质量块和主结构由弹簧钢悬臂梁连接，由弹簧钢提供阻尼器的刚度。质量块可以在悬臂梁上自由移动，以改变阻尼器的频率。限位板的位置可以移动，以改变质量块和限位板之间的距离。

表 7-3　钢管参数

参数类型	参数值	参数类型	参数值
外径/mm	115	质量/kg	27.1277
壁厚/mm	5	材料	Q235 钢
总长/mm	2000		

表 7-4　弹簧参数

参数类型	参数值	参数类型	参数值
直径/mm	25	材料	钢材
线径/mm	2	刚度/（N/m）	1.2128×10^3
总长/mm	150		

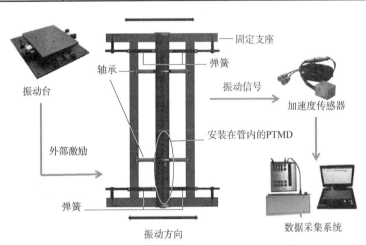

图 7-13　试验装置和数据采集过程

1. 自由振动

对图 7-12 所示的结构进行试验和数值模拟，图 7-14 显示了自由振动结果对比。对比结果表明，试验值和数值模拟值吻合良好，说明所建立的动力学模型能够准确地描述结构的动态响应。在试验过程中，DS-PTMD-CS 和 SS-PTMD-CS 及无控条件下的自由振动时程曲线如图 7-14 所示。由对数衰减法计算得到结构的阻尼比，主结构无控，受 DS-PTMD-CS 和 SS-PTMD-CS 控制时阻尼比分别为 0.85%、1.57%和 1.83%。如图 7-15 所示，SS-PTMD-CS 减振性能要略优于 DS-PTMD-CS。主结构的自振频率可以由自由振动结果确定，再结合结构质量得到主结构的刚度，供下一步的模拟计算使用。主结构的阻尼系数，自振频率和刚度分别为 6.781N·s/m、2.0218Hz 和 5067.2N/m。

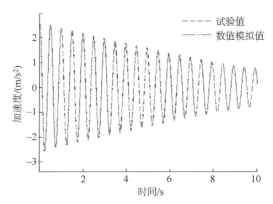

图 7-14　试验和模拟的自由振动时程曲线对比

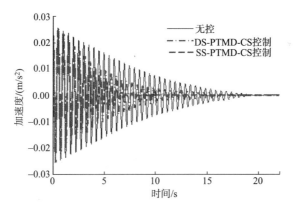

图 7-15　结构受控和无控时时程曲线对比

2. DS-PTMD-CS 减振控制数值和试验研究

本试验对 PTMD-CS 的减振性能和鲁棒性进行了数值模拟分析，并通过减振试验对数值模拟进行了验证。PTMD 的最优频率由式（7-1）确定为 1.9822Hz。质量比设置为 2.43%，与试验中质量比相同，并与实际工程中的最优质量比 2.00% 比较接近。DS-PTMD-CS 减振模拟时设置了不同的碰撞间距，并且得到控制效果最好时碰撞间距约为 17mm，此最优间距也会用在试验过程中。在结构强迫振动时，外部正弦波激励设置为 2.0218Hz，即主结构的自振频率。图 7-16 为结构在无控和 DS-PTMD-CS 控制下模拟和试验的时程曲线对比。随后将正弦波的频率设置为 1.5～2.5Hz，间距为 0.1Hz 来验证阻尼器的鲁棒性。在振动台试验过程中也进行了同样的操作，图 7-17 为模拟和试验条件下加速度在不同频率下时程曲线的峰值结果。

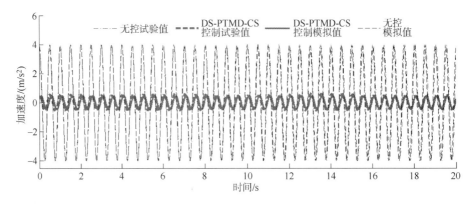

图 7-16　无控和 DS-PTMD-CS 控制下模拟和试验的时程曲线对比

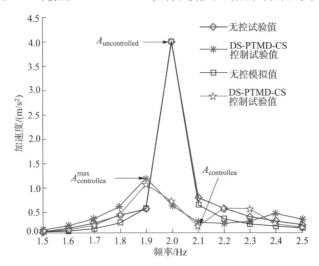

图 7-17　结构在无控和受 DS-PTMD-CS 控制时不同激励频率下加速度峰值

如图 7-16 所示，在共振频率时，DS-PTMD-CS 控制下，加速度幅值明显减少。由式（7-10）和式（7-11）来评价控制效果[15]，即

$$J_1 = \frac{A_{\text{uncontrolled}} - A_{\text{controlled}}}{A_{\text{uncontrolled}}} \times 100\% \qquad (7\text{-}10)$$

$$J_2 = \frac{A_{\text{uncontrolled}} - A_{\text{controlled}}^{\text{max}}}{A_{\text{uncontrolled}}} \times 100\% \qquad (7\text{-}11)$$

式中，$A_{\text{controlled}}$ 和 $A_{\text{uncontrolled}}$ 分别为结构在强迫振动时达到稳态时受控和无控的加速度峰值；$A_{\text{controlled}}^{\text{max}}$ 为结构在不同频率时加速度响应的最大值。

$A_{\text{controlled}}$、$A_{\text{uncontrolled}}$ 和 $A_{\text{controlled}}^{\text{max}}$ 示例如图 7-17 所示。J_1 能够反映外部激励频率与主结构自振频率比较接近时的减振性能，J_2 能够评价外部激励频率带宽较大时阻尼器的减振能力。在此工况中，J_1 和 J_2 的模拟结果分别是 95.34% 和 73.12%，峰值在 2.1Hz 处。加速度响应的幅值明显减少，表明阻尼器对于外部激励频率的鲁棒性较强。

由图 7-16 可知，试验和模拟的时程曲线吻合较好；图 7-17 比较了激励频率在 1.5~2.5Hz 范围内变化时加速度时程峰值的模拟和试验结果。J_1 和 J_2 的试验结果分别是 93.52% 和 70.25%，说明试验值和模拟值比较相符，因此数值模拟中的运动方程和碰撞力模型比较精确。

3. SS-PTMD-CS 减振控制数值和试验研究

PTMD 的频率由式（7-2）确定为 1.982Hz，对主结构在共振频率下的强迫振动进行了数值模拟和试验研究。外部荷载为正弦波激励，激励频率从 1.5Hz 到 2.5Hz，间距为 0.1Hz。模拟和试验结果如图 7-18 和图 7-19 所示，图 7-18 显示了主结构共振情况下无控和在 SS-PTMD-CS 控制下的时程曲线对比，图 7-19 显示了主结构在不同激励频率下的模拟和试验结果。

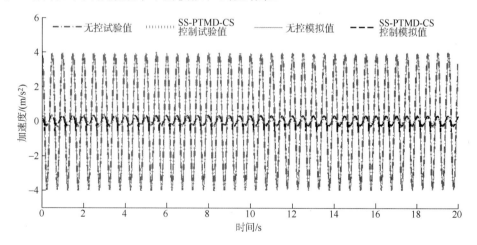

图 7-18　无控和在 SS-PTMD-CS 控制下的主结构时程曲线对比

如图 7-18 所示，在 SS-PTMD-CS 控制下结构的加速度幅值明显减小。与图 7-16 相比，SS-PTMD-CS 的控制效果要略优于 DS-PTMD-CS 的减振效果，这

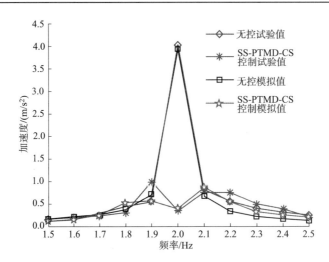

图 7-19　主结构在无控和在 SS-PTMD-CS 控制下加速度峰值在不同激励频率时的响应

与自由振动的对比结果相符。此外，SS-PTMD-CS 在工程实际中更加容易实现，制作加工也较简便。因此，后面将对 SS-PTMD-CS 进行阻尼器频率变化下的鲁棒性进行研究。另外，在阻尼器的质量块和限位板发生碰撞的瞬间，加速度响应曲线会有一个尖劈，但是该尖劈与加速度响应大小相比可以忽略。

　　主结构在共振频率时的强迫振动，在受到 SS-PTMD-CS 控制时 J_1 是 91.94%，J_2 是 77.51%，说明了阻尼器的减振效果。但是减振率 J_1 在共振情况下达到峰值，这与 DS-PTMD-CS 控制下的结果不同。

　　如图 7-18 所示，试验结果和模拟结果的加速度时程曲线拟合良好。通过对试验结果和模拟结果进行比较，加速度幅值在不同频率时达到峰值，但是减振率 J_1 比较接近。当 SS-PTMD-CS 在共振情况下，试验和模拟结果中 J_1 分别是 91.55% 和 91.94%，表明阻尼器的减振效果比较显著。减振率 J_2 的试验和模拟结果分别是 75.28% 和 77.51%，试验结果略小于模拟结果。

4. 鲁棒性研究

　　在实际工程中，结构的自振频率通常难以精确确定，并且在结构服役过程中有可能会发生变化。因此，在实际工程中，频率失调是不可避免的。因此，PTMD 的鲁棒性研究非常有必要。这里通过改变 PTMD-CS 的频率来验证阻尼器频率失调的影响。调整阻尼器的频率从 1.5Hz 到 2.5Hz，间距为 0.1Hz。阻尼器的失调率为

$$R_{\mathrm{d}}=\frac{f_{\mathrm{damper}}-f_{\mathrm{optimal}}}{f_{\mathrm{optimal}}} \qquad (7\text{-}12)$$

式中，f_{damper} 和 f_{optimal} 分别为 PTMD 的频率和 PTMD 的最优频率。

　　失调率从 –25% 到 25% 来验证阻尼器的鲁棒性。阻尼器每变化一个频率，主结

构都会受到频率从 1.5Hz 到 2.5Hz 变化的正弦波外荷载。由于 SS-PTMD-CS 减振性能和工程适用性优于 DS-PTMD-CS，因此只分析 SS-PTMD-CS 的鲁棒性。对于 SS-PTMD-CS，鲁棒性的模拟和试验结果如图 7-20 和图 7-21 所示。

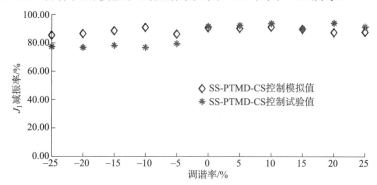

图 7-20　SS-PTMD-CS 频率变化时减振率 J_1 的值

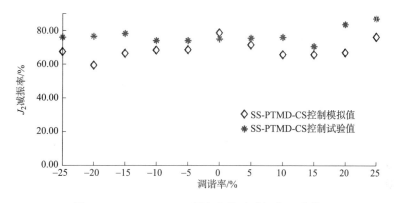

图 7-21　SS-PTMD-CS 频率变化时减振率 J_2 的值

如图 7-20 所示，SS-PTMD-CS 的减振率 J_1 在阻尼器频率变化时都超过 80%，充分说明了 PTMD-CS 的显著的减振效果及较强的鲁棒性。

如图 7-21 所示，当调谐率为 0 时，即阻尼器频率为最优频率时，数值模拟中减振率 J_2 达到峰值。在调谐率从–25%到 25%变化时，J_2 在 59.36%～77.51%变化。因此，SS-PTMD-CS 频率在一定范围内的调整对控制效果的影响较小，进一步说明 SS-PTMD-CS 的鲁棒性较强。在调谐率为正值时，减振率 J_2 先下降后上升，在调谐率为 25%时达到峰值；当调谐率为负值时，J_2 随调谐率的减小呈下降趋势，并在–20%时达到最小值。

在图 7-20 中，当 SS-PTMD-CS 的频率低于最优频率时，控制效果稍差。这是由于当阻尼器的频率较低时，弹簧钢悬臂梁比较柔，当质量块与限位板发生碰撞时，质量块和主结构的相对速度较小，因此吸收的主结构的动能较少，影响了减振结果。另外，当悬臂梁较柔时，碰撞力较小，在碰撞时消耗的能量较少。在

图 7-21 中，当调谐率为 25%时，J_2 达到峰值；当调谐率在–25%～25%范围内变化时，J_2 在 70.73%～87.18%变化。

通过对试验结果和数值模拟结果的比较，可知两者之间是有一些误差的。如图 7-20 所示，减振率 J_1 的试验结果在调谐率在–25%～25%变化时呈上升趋势，而数值模拟得到的 J_1 在频率调整时变化比较平稳。如图 7-21 所示，当调谐率为正值时，减振率 J_2 的试验结果与数值模拟结果变化趋势相似；当调谐率为负值时，试验结果波动范围要小于数值模拟结果。当调谐率为正值时，J_1 和 J_2 的数值模拟结果和试验结果比较相近。这些误差可能是由于弹簧钢悬臂梁导致的，此梁只有 1mm 厚，当阻尼器的频率越低时，悬臂梁越柔，在碰撞时可能会发生扭转，从而影响减振效果。

7.1.3　基于 PTMD-CS 的网壳结构风致振动控制

利用大跨空间结构的结构特性，即其由多个杆件组合而成的特点，将多个 PTMD 按照各个杆件分布，以形成 MPTMD-主结构系统，利用 MPTMD 系统对网壳结构进行风致振动控制。本节采用的结构模型为 K8 型单层网壳结构。风速时程模拟时的主要参数见表 7-5。

表 7-5　风速时程模拟时的主要参数

平均风速模型	指数律模型	平均风速模型	指数律模型
脉动风速谱类型	Davenport 谱	AR 模型阶数	4
10m 高程标准风速/（m/s）	30	模拟风速时程时间/s	120
地形地貌类型	B 类	模拟时间步长	0.1

由以上参数得到的风速时程与功率谱对比如图 7-22 和图 7-23 所示。

通过风速与风压之间的关系得到结构某一点的风压值，进一步计算得到风荷载。结构某一点的风压为

$$W(z,t) = \frac{1}{2}\rho v^2(z,t) = \frac{1}{2}\rho \bar{v}^2(z) + \frac{1}{2}\rho[v^2(z,t) + 2v(z)\bar{v}(z,t)] \tag{7-13}$$

结构某一点的风荷载为

$$P_{si} = \mu_{si} w_i A_i \tag{7-14}$$

式中，μ_{si} 为某一点处的体型系数；w_i 为该点对应的风压；A_i 为该点对应的受风面积。

大跨屋盖结构风振响应计算是结构抗风设计的重要环节，风荷载作用下结构响应的求解方法主要有时域法和基于随机振动理论的频域分析方法。时域分析方法的基本思路是利用有限元将结构离散化，在结构相应节点上施加风荷载时程，在时域内通过逐步积分直接求解运动微分方程，从而得到结构的动力时程响应。本章采用状态转移矩阵法求解结构的动力响应。

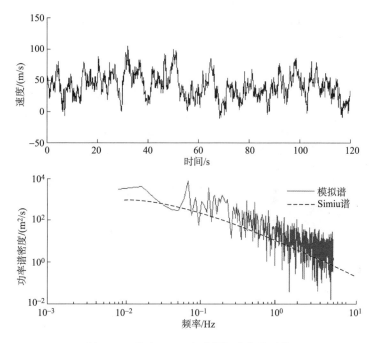

图 7-22　节点 10 风速时程与功率谱对比

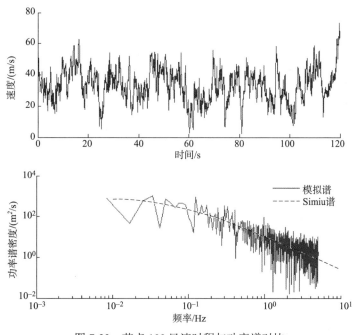

图 7-23　节点 100 风速时程与功率谱对比

　　选用 K8-6 型单层网壳结构作为受控结构，跨度为 40m，高度为 8m，跨高比为 5，如图 7-24 所示。以标准热轧无缝钢管作为构件材料，其中网壳结构环杆取为ϕ133mm×4mm 标准钢管，肋杆、斜杆取为ϕ140mm×4.5mm 的标准钢管，覆盖屋面板质量设为 200kg/m^2，材料弹性模量 E=2.06×10^{5}N/mm^2，剪切模量 G=7.9×10^{4}N/mm^2，材料密度 ρ=7.85×10^{3}kg/m^3。

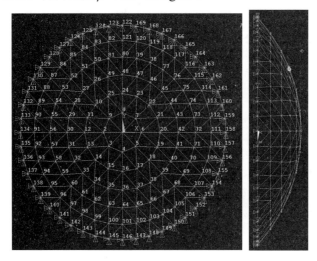

图 7-24　网壳结构模型

　　将 MPTMD-CS 用于大跨空间结构中，各个阻尼器按照杆件的分布进行安装，可以避免结构和阻尼器的连接部位在结构和质量块相对运动时产生的较大变形和疲劳损伤。对于调谐质量类的阻尼器，需要根据受控结构的模态设置阻尼器的控制频率，因此对结构本身动力特性的分析至关重要。

　　在外荷载激励下，受 PTMD 控制时的动力学方程为

$$M\ddot{X} + C\dot{X} + KX = EF + DP \qquad (7\text{-}15)$$

式中，M、C、K 分别为主结构和阻尼器的质量矩阵、阻尼矩阵及刚度矩阵；F 为外荷载向量；E 为外荷载施加的位置矩阵；P 为碰撞力向量；D 为阻尼器设置的位置向量；X 为位移向量；$\dot{X}$ 为速度向量；$\ddot{X}$ 为加速度向量。

　　矩阵形式如下：

$$
\begin{bmatrix} m_1 & & & \\ & \ddots & & \\ & & m_n & \\ & & & m_r \end{bmatrix}
\begin{bmatrix} \ddot{x}_1 \\ \vdots \\ \ddot{x}_n \\ \ddot{x}_r \end{bmatrix}
+
\begin{bmatrix} c_1 & \cdots & c_{1n} & 0 \\ \vdots & & \vdots & \vdots \\ c_{n1} & \cdots & c_n + c_r & -c_r \\ 0 & \cdots & -c_r & c_r \end{bmatrix}
\begin{bmatrix} \dot{x}_1 \\ \vdots \\ \dot{x}_n \\ \dot{x}_r \end{bmatrix}
$$

$$
+
\begin{bmatrix} k_1 & \cdots & k_{1n} & 0 \\ \vdots & & \vdots & \vdots \\ k_{n1} & \cdots & k_n + k_r & -k_r \\ 0 & \cdots & -k_r & k_r \end{bmatrix}
\begin{bmatrix} x_1 \\ \vdots \\ x_n \\ x_r \end{bmatrix}
=
\begin{bmatrix} f_1 \\ \vdots \\ f_n \\ f_r \end{bmatrix}
+
\begin{bmatrix} 0 \\ \vdots \\ p \\ -p \end{bmatrix}
\qquad (7\text{-}16)
$$

根据建立的运动方程对结构进行模态分析。模态分析结果显示第 1 阶和第 2 阶模态为水平方向（图 7-25），第 3 阶为竖直方向（图 7-26），第 4 阶及以后均为局部模态。

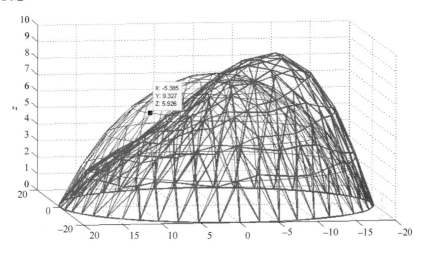

图 7-25　第 1 阶和第 2 阶模态

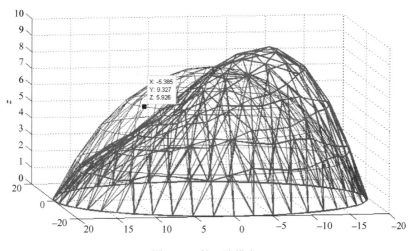

图 7-26　第 3 阶模态

对以上结构施加正弦波荷载并设置响应频率的阻尼器，验证其减振效果。由于在风荷载作用下网壳结构的竖向位移比较显著，因此取竖向模态，即第 3 阶模态为控制模态（4.1226Hz）。通过以上模态分析可以得到，在结构 2-25 节点处模态响应较大，因此 2-25 位置处设置分布式阻尼器，总的质量比为 1%，每个 PTMD 的质量块为 330kg。取一列径向节点（1、12、30、56、91），求其最大值减振率。减振率计算过程如下：

$$R = \frac{d_{\text{without\_ctrl}} - d_{\text{PTMD-CS}}}{d_{\text{without ctrl}}} \times 100\% \qquad (7\text{-}17)$$

式中，$d_{\text{without\_ctrl}}$ 为主结构的某一节点在正弦波激励作用下达到稳态以后的位移；$d_{\text{PTMD-CS}}$ 为该节点受 PTMD-CS 控制以后的位移。

1、12、30、56、91 节点的 x、y、z 方向的减振率见表 7-6。

表 7-6　各点减振率　　　　　　　　　　单位：%

节点	x	y	z	节点	x	y	z
1	46.06	97.73	95.07	30	86.29	97.26	97.11
2	91.69	96.97	89.34	56	93.17	96.97	94.88
12	90.79	97.25	90.34	91	94.39	97.63	95.68

12 节点处 x、y、z 方向减振前后位移时程响应对比如图 7-27 所示。

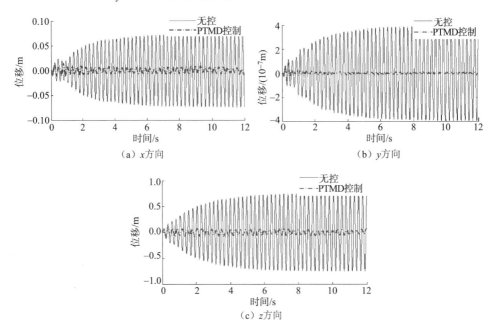

图 7-27　12 节点各方向减振前后位移时程响应对比

由以上结果可以看出，在结构上施加某阶模态频率的正弦波并在结构相应位置上设置与外部激励频率相同的阻尼器时，减振效果较好，说明 MPTMD-CS 能够对结构的动力响应起到一定的减振效果。

通过时域法求解网壳结构在风荷载作用下的动力响应，对其进行频谱分析，得到结构各个节点频谱最大值时的频率。取频率峰值较大处的点设置阻尼器，并且将这些点的峰值处的频率称为控制频率。在无控情况下节点 1 的位移响应如图 7-28 所示。

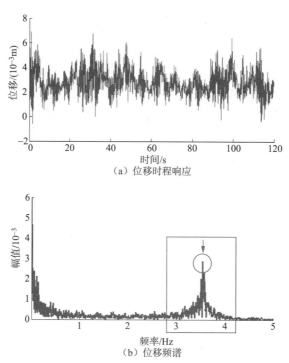

（a）位移时程响应

（b）位移频谱

图 7-28　在无控情况下节点 1 的位移响应

　　图 7-28（a）为无控情况下节点 1 的位移时程响应，图 7-28（b）为对无控情况下节点 1 的位移时程做傅里叶变化得到的频谱图。取结构上每个点的位移频谱峰值，如图 7-29 所示。频谱较大处的 28 个点分别为 11～13、19～21、28～32、40～44、54～58、70～74、91、111，如图 7-30 所示。在这 28 个点上设

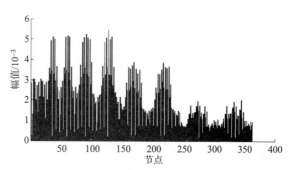

图 7-29　各节点频谱峰值

置阻尼器，总质量比为 2%，阻尼比为 0.15，频率为各个点频谱峰值处的频率值，通过计算，设置频率为 3.54Hz。计算风荷载作用下结构无控和受分布式 PTMD 控制下的位移时程响应，12 节点处的位移响应如图 7-31 所示。同样，节点 1、2、12、30、56、91 处的均方根值减振率见表 7-7。

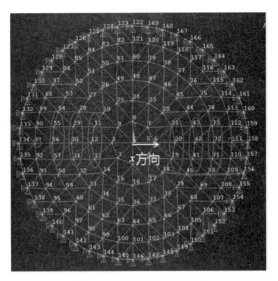

图 7-30　阻尼器布置位置

表 7-7　各点均方根值减振率

节点	x	y	z	节点	x	y	z
1	7.94	16.97	31.08	30	35.64	15.05	30.30
2	36.07	15.87	31.34	56	29.02	11.75	26.27
12	45.97	14.92	33.08	91	16.38	5.40	15.86

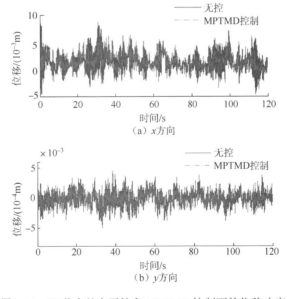

图 7-31　12 节点处在无控和 MPTMD 控制下的位移响应

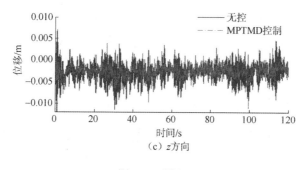

（c）z 方向

图 7-31（续）

由于风荷载作用下结构的位移在一定的幅值范围内波动，因此在计算每个节点的均方根值减振率时首先减去平均值对响应的影响，再对其去均方根值。减振率计算公式如下：

$$R = \frac{\text{RMS}(\text{disp} - \text{mean}(\text{disp}))_{nc} - \text{RMS}(\text{disp} - \text{mean}(\text{disp}))_{ptmd}}{\text{RMS}(\text{disp} - \text{mean}(\text{disp}))_{nc}} \quad (7\text{-}18)$$

从图 7-31 和表 7-7 可以看出，网壳结构在风荷载作用下，受 MPTMD 控制时，减振效果明显，在 x 方向上的减振效果要优于其他两个方向，在 y 方向上的减振效果最差，但是 y 方向上的幅值较小，相对于 x、z 方向上的位移响应幅值要小一个数量。整体减振效果明显，在 x 方向上，减振率最大值能够达到 45.97%，z 方向上也能达到 33.08%。

对于正弦波和风荷载作用下的网壳结构进行动力响应分析，得到结构的动力特性和风荷载作用下的时频域响应，据此设计 MPTMD。研究结果表明，在动力荷载的激励下，MPTMD 的减振效果较好，阻尼器的参数，如碰撞间隙、阻尼比、质量比、阻尼器个数及控制频率等都会对减振效果产生影响。因此，在实际工程中，需要对阻尼器的这些参数进行优化以达到最佳减振效果。

7.2　悬吊质量摆对大跨空间结构减振控制研究

悬吊质量摆阻尼器是将摆悬吊在结构上，当体系在地震动作用下产生水平方向振动时，带动摆一起振动，而摆振动产生的惯性力反作用于结构本身，当这种惯性力与结构本身的运动相反时，就产生了制振效果[16-17]。当前悬吊质量摆的设计通常仅考虑小摆角振动的情况，但事实上，在大摆角振动时，悬吊质量摆的周期随着摆角的增加而变长，进而会影响悬吊质量摆的减振性能[18-19]。为了解决频率失调导致减振效果降低的问题，悬吊质量摆在大摆角振动时，有效摆长应逐渐减小，以抵消非线性大摆角引起的周期增加。因此，本节提出一种采用弧型支座，设计的被动式自适应悬吊质量摆（passive adaptive suspended mass damper，PASMP），以消除悬吊摆的大摆角非线性及空间振动特性对周期的影响。

7.2.1　PASMP

在考虑大摆角振动时，悬吊质量摆的准确周期应为

$$T_s = 2\pi \sqrt{\frac{l}{g}} \left(1 + \frac{1}{4}\sin^2\frac{\theta}{2} + \frac{9}{64}\sin^4\frac{\theta}{2} + \cdots \right) \tag{7-19}$$

式中，l 和 θ 分别为摆的摆长和摆角。

可以注意到，悬吊质量摆的周期随着摆角和摆长的增加而增加。在小摆角（$\theta < 5°$）情况下，式（7-19）可以简化为悬吊质量摆周期的常用表达式，即

$$T_s = 2\pi \sqrt{\frac{l}{g}} \tag{7-20}$$

在大多数情况下，悬吊质量摆的周期由式（7-20）确定，并且应将此周期调整到接近于结构的基本周期，以获得最佳减振效果。但是实际上，由于大幅度激励的影响，悬吊质量摆的摆动角度可能会大于 5°，并且基于式（7-19）会增加悬吊质量摆的实际周期。由于在大振幅振动期间悬吊质量摆系统的实际周期和设计周期之间存在差异，因此悬吊质量摆系统的频率会失调。作为频率敏感型系统，由于失谐，悬吊质量摆的振动抑制效果将变差。因此，为了使周期与摆动幅度无关，在摆动期间，随着摆动角度的增加，摆的长度应逐渐减小。

本章提出一种悬吊弧型支座的设计方案，如图 7-32 所示。悬吊质量摆将在两个支座之间摆动。摆动长度由于摆动角度的增加而逐渐减小，这是由于摆动缠绕在支座上所致。因此，如果正确设计支座的曲线，则无论摆动角度如何，悬吊质量摆的周期都可以保持恒定。

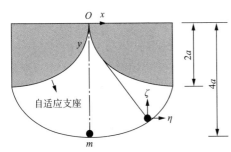

图 7-32　自适应悬吊质量摆

将弧形支座的形状设为摆线轨迹，则可以保证大摆角时的周期恒定性。如图 7-33 所示，将支座的形状定义为，一个半径为 a 的圆沿一条直线滚动时，圆边界上一定点的轨迹。其中曲线 ACO、BDO 是以半径为 a 的圆沿直线 AB 滚动形成的摆线。把摆长为 $4a$（1/2 拱长）的单摆悬挂起来，在两边利用 ACO、BDO 形状制成支座来限制单摆的运动。当摆发生振动时，悬挂线不断与圆滚线（ACO、BDO）接触（或脱离），瞬时接触点相当于瞬时悬挂点，且悬挂线与圆滚线在 P 点相切。当摆到最高点时，与圆滚线的 C、D 点接触。整个运动过程可以看作一个悬挂点

不断变化的单摆的运动过程，并且曲线 *CD* 相当于以半径为 *a* 的圆沿直线 *CD* 滚动形成的摆线。

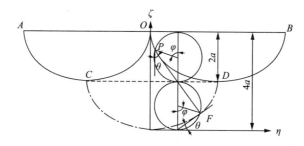

图 7-33　自适应摆原理

摆球的坐标可表示为

$$n = a(\varphi + \sin\varphi) \tag{7-21}$$

$$\zeta = a(1 - \cos\varphi) \tag{7-22}$$

若取 *φ*=0，弧长 *s*=0，则曲线的 *s* 和 *φ* 的关系为

$$ds = \sqrt{(d\zeta)^2 + (d\eta)^2} \tag{7-23}$$

$$\int_0^\varphi \sqrt{(d\zeta)^2 + (d\eta)^2} = 4a\sin\frac{\varphi}{2} \tag{7-24}$$

因此，可知曲线 *ACO* 和 *BDO* 长度为 8*a*。

当长为 *l* 的摆线和质量为 *m* 的小球在挡板 *ACO*、*BDO* 上运动时，摆球运动到任意位置 *F*(*x'*, *y'*)，由小球在重力场中沿竖直平面内的受力分析可知，切向的运动方程为

$$m\frac{d^2 s}{dt^2} = -mg\sin\theta \tag{7-25}$$

将式（7-24）代入式（7-25），可得

$$\frac{d^2 s}{dt^2} + \frac{g}{4a}s = 0 \tag{7-26}$$

式（7-26）为典型的谐振动方程，表明质点做谐振动，其周期为

$$T_s = 4\pi\sqrt{\frac{a}{g}} \tag{7-27}$$

由式（7-27）可知，自适应摆的周期与振幅无关，质点在曲线上任意一点由静止释放，到达底端的时间都为 $1/4T_s$。因此，自适应摆具有在任意角度均保持等时性的特点。

图 7-34 中，虚线是传统摆运动轨迹；实线是自适应摆运动轨迹，不受阻尼的

情况下，其自由振荡周期是等时的，始终与振幅无关。从图 7-34 中可得，当 η 很小时，两者的运动曲线处在几乎重合的状态；当 η 不断变大时，自适应摆与传统摆的差异相应逐渐变大。图 7-35 为自适应摆的空间示意图，图 7-36 为被动式自适应摆。

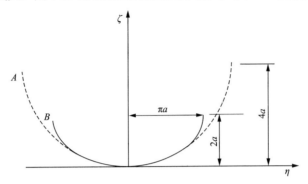

图 7-34　两种装置的摆动轨迹

利用自适应摆的性质，可有效保证大摆角振动中单摆周期保持恒定。将此类摆应用到土木结构控制中，能够很好地解决被动控制中频率失调的问题，并且提高计算准确性和传统摆的减振效果。

假定主结构为单自由度体系，结构总质量为 M，两根立柱质量均为 0，且在竖直方向上不可伸长，其弹簧刚度均为 $K/2$，如图 7-36 所示，摆线是不具弹性的，不计摆线和挡板的摩擦及摆线的质量。在外荷载激励下，框架水平位移为 x。假定黏滞阻尼为 C，外部激励为 $F=f\sin\omega t$，幅值为 f，频率用 ω 表示，忽略摆阻尼的作用，用摆线形状做成挡板限制单摆的运动。

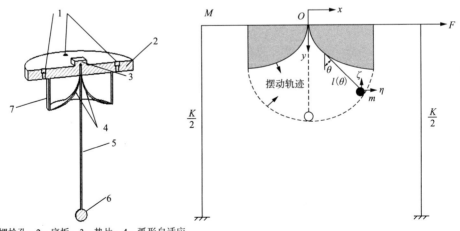

1—螺栓孔；2—底板；3—垫片；4—弧形自适应
支座；5—摆线；6—质量球；7—自适应支座。

图 7-35　自适应摆的空间示意图　　　　图 7-36　被动式自适应摆

建立以结构为基础的坐标系 Oxy 及以小球为坐标系的 ζ、η。在广义坐标下，用拉格朗日方程来描述非自由质点运动，其中质量 M 的速度为 $\dot{x}$。

质量 m 的速度为

$$\sqrt{(\dot{x}+\dot{\eta})^2+\dot{\zeta}^2} \tag{7-28}$$

系统的动能为

$$T=\frac{1}{2}\{M\dot{x}^2+m[(\dot{x}+\dot{\eta})^2+\dot{\zeta}^2]\} \tag{7-29}$$

系统的势能为

$$U=\frac{1}{2}Kx^2+mg\zeta \tag{7-30}$$

耗散函数为

$$D=\frac{1}{2}C\dot{x}^2 \tag{7-31}$$

其他非保守力所做的功为

$$W=Fx$$

因此，拉格朗日方程可写为

$$\begin{cases} \dfrac{\mathrm{d}}{\mathrm{d}t}\left(\dfrac{\partial L}{\partial \dot{x}}\right)-\dfrac{\partial L}{\partial x}+\dfrac{\partial D}{\partial \dot{x}}=Q \\[2mm] \dfrac{\mathrm{d}}{\mathrm{d}t}\left(\dfrac{\partial L}{\partial \dot{\theta}}\right)-\dfrac{\partial L}{\partial \theta}+\dfrac{\partial D}{\partial \dot{\theta}}=Q \end{cases} \tag{7-32}$$

根据自适应摆的轨迹方程可得

$$\begin{cases} \eta=a(\theta+\sin\theta);\zeta=a(1-\cos\theta) \\ \dot{\eta}=a(\dot{\theta}+\dot{\theta}\cos\theta);\dot{\zeta}=a\dot{\theta}\sin\theta \end{cases} \tag{7-33}$$

根据 $L=T-U$ 可得

$$L=\frac{1}{2}(M+m)\dot{x}^2+ma\dot{\theta}(1+\cos\theta)(\dot{x}+a\dot{\theta})-mga(1-\cos\theta) \tag{7-34}$$

因此，可以推出主结构的运动方程为

$$(M+m)\ddot{x}+ma\ddot{\theta}(1+\cos\theta)-ma\dot{\theta}^2\sin\theta+C\dot{x}+Kx=F \tag{7-35}$$

同理，可推出附属结构运动方程如下：

$$2ma^2(1+\cos\theta)\ddot{\theta}+ma(1+\cos\theta)\ddot{x}-ma^2\dot{\theta}^2\sin\theta+mga\sin\theta=0 \tag{7-36}$$

结合方程式（7-35）和式（7-36），可得安装自适应摆支座的系统总运动方程如下：

$$\begin{cases} (M+m)\ddot{x}+ma\ddot{\theta}(1+\cos\theta)-ma\dot{\theta}^2\sin\theta+C\dot{x}+Kx=F \\ 2ma^2(1+\cos\theta)\ddot{\theta}+ma(1+\cos\theta)\ddot{x}-ma^2\dot{\theta}^2\sin\theta+mga\sin\theta=0 \end{cases} \tag{7-37}$$

7.2.2　PASMP 减振系统的参数分析

本节对附加了自适应摆的单自由度结构（图 7-36）进行非线性分析，主结构的阻尼系数为 0.24，固有频率为 1Hz，外部激励为正弦激励。在无控、传统摆控制和自适应摆控制 3 种情况下，分别计算单自由度结构的振动响应及悬吊质量摆的控制效果。

当结构受正弦激励 $X_g(t) = a_0 \times \sin(w \times t)$ 时，对自适应悬吊质量摆-结构耦合系统中的参数进行相应的分析与研究。将悬吊质量摆的参数设置如下。

1）质量比 μ：悬吊摆质量与主结构质量的比值。

2）悬吊质量摆摆长 l：摆长公式为 $l = g/(\omega/\beta)^2$，其中 g 为重力加速度；ω 为主结构的一阶频率；β 为悬吊质量摆周期与主结构周期的比值，在本章中取 0.8～1.5。

3）位移 x：结构顶层的最大位移。

4）周期比 α：外部正弦激励周期与主结构周期的比值。

5）减振率 λ：$\lambda = (x_0 - x_1)/x_0$，$x_1$ 为加上传统摆或自适应摆的主结构最大位移，x_0 为结构在无控下的最大位移。

图 7-37 展示了自适应摆与传统摆两种减振装置的周期随摆角的变化曲线，可看出自适应摆的周期是保持恒定的，而传统摆的周期会随着角度的增加而增大。在以往的实际工程中直接将传统悬吊质量摆进行线性化处理，其结果存在很大的误差。

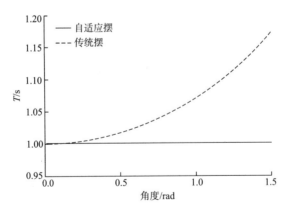

图 7-37　周期随摆角的变化曲线

图 7-38 为共振下结构最大位移与周期比 α 的关系曲线，可看出自适应摆的带宽略优于传统摆。图 7-39 所示为在结构安装自适应摆且 μ=0.03 的条件下，取不同的 β，最大位移与周期比 α 的关系曲线。α=1.0 代表输入的外部激励频率与主结构频率相同，在无控情况下，使结构达到最大水平位移的状态。在附加自

适应摆的情况下，β 取 0.8~1.1 可取得较好的减振效果；当 β 取 1.2~1.5 时，自适应摆周期与被控结构周期有很大不同，可能导致自适应摆没有很好的减振效果。

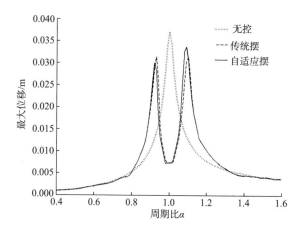

图 7-38　共振下结构最大位移与周期比 α 的关系曲线（β=1.0）

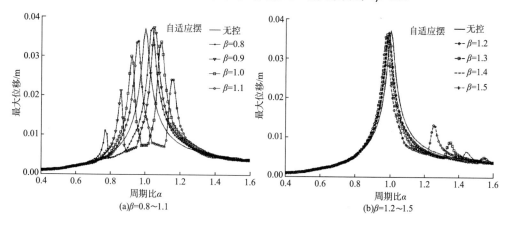

图 7-39　最大位移与周期比 α 的关系曲线

图 7-40 为 μ=0.03、β=1.0、ζ=0.02 时结构安装自适应摆的条件下，对应不同的 μ，最大位移与周期比 α 的关系曲线。由图 7-40 可以看出，μ 越大，减振效果越明显。随着自适应悬吊质量摆质量的增加，自适应摆的减振频带变宽，并且对结构的最大位移的振动抑制效果也增加。当 α=1.0 时，在无控状态下，结构的位移达到最大值。同时，质量比越大，减振效果速度会越慢。图 7-41 所示为在周期比 α=1.0，阻尼比 ζ=0.02，结构安装自适应摆的条件下，对应不同 β，最大位移与质量比 μ 的关系曲线。由图 7-41 可以看出，随着自适应摆质量不断增大，最大位移也随着减小，对应的减振率增大；当 μ=0.01~0.04 时，最大位移降低得较快；而当 μ>0.04 时，最大位移降低缓慢，曲线也较为平稳。

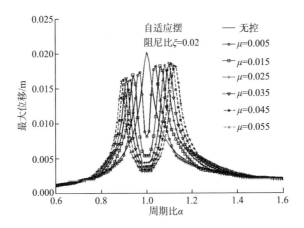

图 7-40　最大位移与周期比 α 的关系曲线

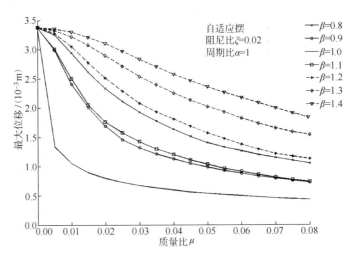

图 7-41　最大位移与质量比 μ 的关系曲线

7.2.3　基于 PASMP 的大跨空间结构风振控制

为了评估自适应悬吊质量摆的减振效果,选择 K8 型单层网壳结构作为受控结构进行分析,其跨度为 40m,高度为 8m,跨高比为 5,如图 7-42 所示。在节点编号 127、140、151、163 处设置固定支座。阻尼矩阵可由瑞利阻尼公式计算,阻尼比通常取 0.02。风速时程模拟时的主要参数见表 7-8。风荷载模拟结果如图 7-43 所示。

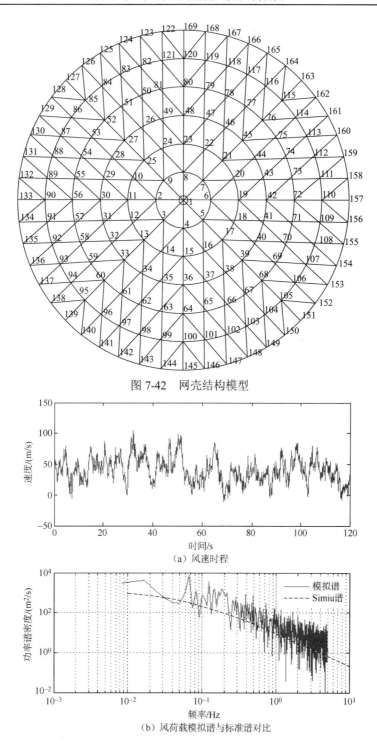

图 7-42　网壳结构模型

（a）风速时程

（b）风荷载模拟谱与标准谱对比

图 7-43　风荷载模拟结果

表 7-8　风速时程模拟时的主要参数

平均风速模型	指数律模型
脉动风速谱类型	Simiu 谱
10m 高程标准风速/（m/s）	30
地形地貌类型	B 类
AR 模型阶数	4
模拟风速时程时间/s	120
模拟时间步长	0.1

在本节所选的网壳结构算例中，将自适应摆悬挂在节点 1 处（图 7-44）。自适应摆的设计可以参照传统的悬吊质量摆，并与其减振效果进行对比。当摆的周期与主结构的周期相同时，自适应摆的减振效果最佳，据此可以获得自适应摆的最优摆长。自适应摆的质量比取 0.03。在本算例中用于对比的传统质量摆的参数均与自适应摆一致。

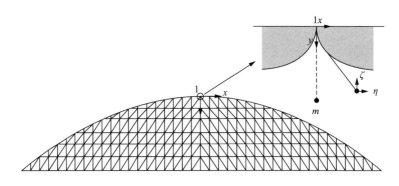

图 7-44　附加自适应悬吊质量摆的空间结构

建立以主结构为基础的坐标系 Oxy 及以摆球为坐标系的 ξ、η。结构的动能 T 可以表示为

$$T = \frac{1}{2}\dot{\Delta}^{\mathrm{T}} M \dot{\Delta} = \frac{1}{2}\begin{bmatrix} \dot{x} \\ \dot{\Delta}_{\mathrm{r}} \end{bmatrix}^{\mathrm{T}} \begin{bmatrix} m_{\mathrm{u}} & M_{\mathrm{ur}} \\ M_{\mathrm{ru}} & M_{\mathrm{rr}} \end{bmatrix} \begin{bmatrix} \dot{x} \\ \dot{\Delta}_{\mathrm{r}} \end{bmatrix} \tag{7-38}$$

式中，M 为结构的质量矩阵；$\dot{\Delta}$ 为结构相对于地面运动的速度向量；m_{u} 为悬吊质量摆所在节点的等效质量；M_{rr} 为其他节点的等效质量矩阵；M_{ur} 和 M_{ru} 分别为节点间的耦联在质量矩阵；$\dot{x}$ 为悬吊质量摆所在节点相对于地面的速度；$\dot{\Delta}_{\mathrm{r}}$ 为其他节点相对于地面的速度向量。

自适应悬吊摆的动能 T_m 可计算为

$$T_m = \frac{1}{2}m[(\dot{x}+\dot{\eta})^2 + \dot{\zeta}^2] \qquad （7-39）$$

式中，m 为悬吊摆的质量。

结构的势能 U 为

$$U = \frac{1}{2}\Delta^T K \Delta = \frac{1}{2}\begin{bmatrix} x \\ \Delta_r \end{bmatrix}^T \begin{bmatrix} k_u & K_{ur} \\ K_{ru} & K_{rr} \end{bmatrix} \begin{bmatrix} x \\ \Delta_r \end{bmatrix} \qquad （7-40）$$

式中，K 为结构的刚度矩阵；k_u 为悬吊质量摆所在节点的等效刚度；K_{rr} 为其他节点的等效刚度矩阵；K_{ur} 和 K_{ru} 分别为节点间的耦联刚度矩阵；x 为悬吊质量摆所在节点相对于地面的位移；Δ_r 为其他节点相对于地面的位移向量。

自适应悬吊摆的势能 U_m 为

$$U_m = mg\zeta \qquad （7-41）$$

式中，g 为重力加速度。

主结构的耗散能量 D 为

$$D = \frac{1}{2}\dot{\Delta}^T C \dot{\Delta} = \frac{1}{2}\begin{bmatrix} \dot{x} \\ \dot{\Delta}_r \end{bmatrix}^T \begin{bmatrix} c_u & C_{ur} \\ C_{ru} & C_{rr} \end{bmatrix} \begin{bmatrix} \dot{x} \\ \dot{\Delta}_r \end{bmatrix} \qquad （7-42）$$

式中，C 为结构的阻尼矩阵；c_u 为悬吊质量摆所在节点的等效阻尼系数；C_{rr} 为其他节点的等效阻尼矩阵；C_{ru} 和 C_{ur} 分别为节点间的耦联阻尼矩阵。

将式（7-38）～式（7-42）代入拉格朗日方程（7-43）中，可得到结构体系的运动方程。

$$\frac{d}{dt}\left(\frac{\partial L}{\partial \dot{q}_i}\right) - \frac{\partial L}{\partial q_i} + \frac{\partial D}{\partial \dot{q}_i} = Q \qquad （7-43）$$

式中，$L=T-U$，T 为系统的功能，U 为系统的势能。对于广义坐标 q_i 和广义速度 $\dot{q}_i$，分别取 x、$\dot{x}$、θ、$\dot{\theta}$ 分别为质量点的位移、速度、摆角和角速度。广义力 $Q = [F \quad F_r]$，其中 F 为主结构顶层的外部激励，F_r 为其他节点的等效激励矩阵。

根据拉格朗日方程，可得附加自适应摆的结构体系的运动方程为

$$\left[M + \begin{bmatrix} m & 0 \\ 0 & 0 \end{bmatrix}\right]\begin{bmatrix} \ddot{x} \\ \ddot{\Delta}_r \end{bmatrix} + C\begin{bmatrix} \dot{x} \\ \dot{\Delta}_r \end{bmatrix} + K\begin{bmatrix} x \\ \Delta_r \end{bmatrix} = \begin{bmatrix} F + ma[\dot{\theta}^2\sin\theta - \ddot{\theta}(1+\cos\theta)] \\ F_r \end{bmatrix} \qquad （7-44）$$

式中，F 为悬吊质量摆所在节点处的外部激励荷载；F_r 为其他节点的外荷载向量。

自适应悬吊质量摆的运动方程为

$$2ma^2(1+\cos\theta)\ddot{\theta} + ma(1+\cos\theta)\ddot{x} - ma^2\dot{\theta}^2\sin\theta + mga\sin\theta = 0 \qquad （7-45）$$

类似地，当在空间结构附加传统的悬吊质量摆时，结构体系的运动方程为

$$\left[\boldsymbol{M} + \begin{bmatrix} m & \mathbf{0} \\ \mathbf{0} & \mathbf{0} \end{bmatrix}\right] \begin{bmatrix} \ddot{x} \\ \ddot{\varDelta}_r \end{bmatrix} + \boldsymbol{C} \begin{bmatrix} \dot{x} \\ \dot{\varDelta}_r \end{bmatrix} + \boldsymbol{K} \begin{bmatrix} x \\ \varDelta_r \end{bmatrix} = \begin{bmatrix} F + ml(\dot{\theta}^2\sin\theta - \ddot{\theta}\cos\theta) \\ F_r \end{bmatrix} \qquad （7-46）$$

传统的悬吊质量摆的运动方程为

$$ml^2\ddot{\theta} + ml\cos\theta\ddot{x} + mgl\sin\theta = 0 \qquad （7-47）$$

状态空间是一种有效的解决系统动力响应的方法，对于受控系统的位移、加速度等结果，可由 MATLAB/Simulink 解出。

图 7-45 所示为节点 1 位移时程曲线，可以看出，在风荷载的作用下，自适应摆对结构位移的控制效果明显优于传统的质量摆。图 7-46 所示为空间结构各节点位移减振率柱状图，可以看出，自适应摆对空间结构各节点的位移均有较好的控制效果，减振率最高超过 30%。

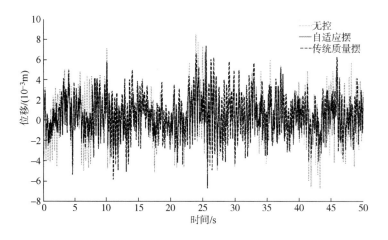

图 7-45　节点 1 位移时程曲线

图 7-47 所示为节点 1 加速度时程曲线，可以看出，自适应摆对节点 1 的加速度响应也有一定的减振效果，并且优于传统的质量摆。图 7-48 所示为空间结构各节点加速度减振率柱状图，可以看出，自适应摆对空间结构各节点加速度均有较好的控制效果，最大减振率超过 30%。因此，利用自适应悬吊质量摆对大跨空间结构的风致振动响应进行控制是可行的，控制效果也较为明显。

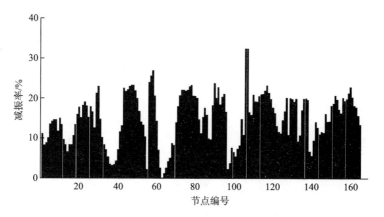

图 7-46　各节点位移减振率柱状图

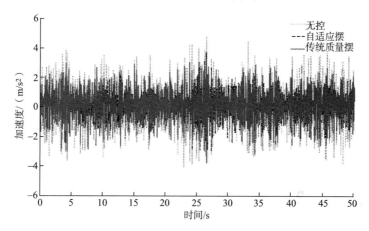

图 7-47　节点 1 加速度时程曲线

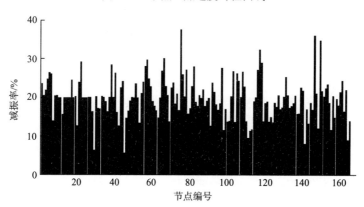

图 7-48　各节点加速度减振率柱状图

本 章 小 结

本章提出一种适用于大跨空间结构杆件内部的阻尼器（PTMD for confined space，PTMD-CS），以一个钢管作为受控结构来验证该阻尼器的减振性能并开展网壳结构风致振动控制研究；设计了一种被动式自适应悬吊质量摆（PASMP），在无控、传统摆控制和自适应摆控制 3 种情况下，分别计算单自由度结构的振动响应及悬吊质量摆的控制效果；最后以一 K8 型单层网壳结构作为受控结构评估了自适应悬吊质量摆的减振效果。本章主要结论如下。

1）强迫振动的结果表明 DS-PTMD-CS 和 SS-PTMD-CS 在共振情况下减振效果显著，而后者的减振性能略优于前者，并且结构简单，在实际工程中更易实现。当激励频率在 1.5～2.5Hz 范围内变化时，在 DS-PTMD-CS 和 SS-PTMD-CS 控制下，加速度幅值也会显著降低。SS-PTMD-CS 鲁棒性较强，当阻尼器频率在–25%～+25%变化时，对减振效果影响较小。

2）在动力荷载的激励下，MPTMD 的减振效果较好，阻尼器的参数，如碰撞间隙、阻尼比、质量比、阻尼器个数及控制频率等都会对减振效果产生影响。在实际工程中，需要对阻尼器的这些参数进行优化以达到最佳减振效果。

3）提出了弧型支座设计 PASMP 以消除悬吊摆的大摆角非线性及空间振动特性对周期的影响，可有效保证大摆角振动中单摆周期保持恒定，能够很好地解决被动控制中频率失调的问题，并且提高计算的准确性和传统摆的减振效果。

4）在风荷载作用下，传统的质量摆与自适应摆对结构位移响应均有较好的减振效果。自适应摆对结构位移的控制效果明显优于传统质量摆。自适应摆对空间结构各节点加速度均有较好的控制效果，最大减振率超过 30%。利用自适应悬吊质量摆对大跨空间结构的风致振动响应进行控制是可行的，控制效果也较为明显。

参 考 文 献

[1] BENAROYA H，NAGURKA M L. Space structures：issues in dynamics and control [J]. Journal of Aerospace Engineering，1990，3（4）：251-270.

[2] HU Q，ZHANG J. Attitude control and vibration suppression for flexible spacecraft using control moment gyroscopes [J]. Journal of Aerospace Engineering，2016，29（1）：04015027.

[3] LIN X，CHEN S，HUANG G. A shuffled frog-leaping algorithm based mixed-sensitivity control of a seismically excited structural building using MR dampers [J]. Journal of Vibration and Control，2018，24（13）：2832-2852.

[4] ZHANG Y. Jitter control for optical payload on satellites [J]. Journal of Aerospace Engineering，2014，27（4）：04014005.

［5］HOUSNER G W，BERGMAN L A. Structural control: past, present, and future ［J］. Journal of Engineering Mechanics，1997，123（9）：897-971.

［6］ZHOU X，LIN Y，GU M. Optimization of multiple tuned mass dampers for large-span roof structures subjected to wind loads ［J］. Wind and Structures An International Journal，2015，20（3）：363-388.

［7］LIN W，LIN Y，SONG G，et al. Multiple pounding tuned mass damper（MPTMD）control on benchmark tower subjected to earthquake excitations ［J］. Earthquakes and Structures，2016，11：1123-1141.

［8］NIE B，ZHANG Z，ZHAO Z，et al. Very high cycle fatigue behavior of shot-peened 3Cr13 high strength spring steel ［J］. Materials and Design，2013，50：503-508.

［9］RANA R，SOONG T T，Parametric study and simplified design of tuned mass dampers ［J］. Engineering Structures，1998，20（3）：193-204.

［10］WANG W，HUA X，WANG X，et al. Optimum design of a novel pounding tuned mass damper under harmonic excitation ［J］. Smart Material and Structures，2017，26（5）：055024.

［11］WANG W，HUA X，WANG X，et al. Advanced impact force model for low-speed pounding between viscoelastic materials and steel ［J］. Journal of Engineering Mechanics，2017，143（12）：04017139.

［12］JANKOWSKI R. Non-linear viscoelastic modelling of earthquake-induced structural pounding ［J］. Earthquake Engineering and Structural Dynamics，2005，34（6）：595-611.

［13］XUE Q，ZHANG C. An updated analytical structural pounding force model based on viscoelasticity of materials ［J］. Shock and Vibration，2016，2016：1-15.

［14］ZHANG P，SONG G，LI H，et al. Seismic control of power transmission tower using pounding TMD ［J］. Journal of Engineering Mechanics，2013，139（10）：1395-1406.

［15］LI H，ZHANG P，SONG G，et al. Robustness study of the pounding tuned mass damper for vibration control of subsea jumpers ［J］. Smart Materials and Structures，2015，24（9）：095001.

［16］李宏男. 摆-结构体系减震性能研究 ［J］. 工程力学，1996，13（3）：123-129.

［17］HUANG C，HUO L，GAO H，et al. Control performance of suspended mass pendulum with the consideration of out-of-plane vibrations ［J］. Structural Control and Health Monitoring，2018，25（9）：2217.

［18］侯洁，霍林生，李宏男. 非线性悬吊质量摆对输电塔减振控制的研究 ［J］. 振动与冲击，2014，33（3）：177-181.

［19］霍林生，侯洁，李宏男. 非线性悬吊质量摆减震控制的等效线性化方法研究 ［J］. 防灾减灾工程学报，2015，35（3）：283-289.